AI科技新紀元

重塑既有的經濟體系，提升日常生活的品質，實現人機合作的和諧共生

新紀元

賽，

影響全球的新技術趨勢

劉芳棟，林偉，朱建良，張新亮

科技的快速發展，對各行各業帶來深遠影響

—— 全球經濟進入「機器人紅利」時代 ——

挖掘機器人技術不可限量的潛力

產業升級轉型的最佳方案

在激烈的研發競賽中不落人後

目錄

目錄

前言

　　隨著大數據、雲端運算、物聯網等資訊科技的快速發展和崛起，人類社會的智慧化趨勢已經日益顯現。作為智慧製造的代表，機器人已經成為第三次工業革命的重要切入點和成長點，影響著全球製造業的格局，並推動著各國經濟的發展。此外，與機器人相關的產業也已經延伸到了教育、醫療、農業、軍事等多個不同的領域，可以說，機器人已經成為社會進步的一大助力。

　　在這樣的背景下，全球多個國家都已經將機器人產業的發展提升至國家重點策略層面，比如，德國的「工業 4.0」、美國的「再工業化」及日本的「新機器人策略」等均是為了重點發展機器人產業，透過數位化、智慧化手段增強製造業發展水準，提升國家綜合實力。

　　大力發展機器人產業對經濟和社會的促進作用主要展現在以下三個方面。

　　其一，發展機器人產業，有助於提高製造業發展水準。製造業作為國民經濟的主體，是國家強盛和民族富強的重要保障，與世界已開發國家相比，傳統製造業仍然實力不足，品質效益差、資訊化程度低、產業結構水準弱、資源使用率

不高、缺乏自主創新能力。而機器人產業的發展,則有助於扭轉這種局面。

其二,發展機器人產業,有助於提高人民生活品質。人口的高齡化程度正逐漸加深,由人口高齡化帶來的養老等問題限制了社會的發展和人民生活品根本性的提升,而機器人在服務領域的應用,將發揮重要的作用。同時,在醫療、教育等與人民生活密切相關的領域,機器人的地位也不容忽視。

其三,發展機器人產業,有助於提高國防力量。機器人不僅可以應用於工業、農業、醫療、教育,而且在軍事領域也有非常廣泛的應用。為了軍事目的,如策略偵察、防爆等,而研製出來的自動化、智慧化機器人,是一種融合智慧化資訊處理、無線通訊等先進技術的智慧軍事裝備,能夠代替軍事人員更好地完成預定任務,或者減少不必要的傷亡。

市場需求是技術創新的重要驅動力,全球對機器人的需求不僅數量龐大,而且日益多樣化,這都將促進機器人產業的良性發展。但是不能忽視的是,美國、日本、德國等在機器人研發和製造領域更具有優勢,因此,與機器人產業相關的機構也應該在人才培養等方面加大投入力度。

此外,與電力的發明、網際網路的出現等偉大的創新一樣,機器人革命的到來也會對社會產生深遠的影響。「人機

共融」新時代，就業職位如何分配？機器人在教育領域的角色定位是什麼？服務機器人如何改善人類生活？這些都需要社會各個方面與機器人產業之間的融合和適應。

　　面對正在席捲全球的機器人革命，全球製造業的新秩序將有可能重新建立，想在智慧製造的浪潮中實現再次飛黃騰達，就必須抓住這次機會！

第1章

席捲全球的機器人革命

「機器人紅利」時代

機器人革命的 5 個特徵

　　隨著雲端運算、大數據等資訊科技的發展，以機器人的研發、製造和應用為代表的智慧製造業已成為未來全球發展的主要方向。為搶占技術和市場制高點，世界各國紛紛將機器人產業上升為國家發展策略。

　　事實上，「機器人革命」不是簡單的有關機器人製造、應用的革命，而是在數位化、智慧化、資訊化的基礎上所爆發的革命，與第三次工業革命中的數位化、智慧製造、物聯網等新興產物有著千絲萬縷的關係。這場革命有助於實現對人的腦力勞動的代替，這是前兩次工業革命無法實現的。可以說，機器人作為已開發國家和開發中國家發展經濟的先進夥伴，不僅有助於緩解勞工壓力，提升工業生產效率，更能夠在改善工業產品效能、豐富產品功能等方面發揮關鍵作用，最終改善傳統工業生產方式所帶來的諸多弊端。

　　隨著機器人功能的不斷強大，越來越多的領域出現了智

慧機器人的身影，這就使得人在工業生產中的角色和地位發生了深刻的變化。

　　一方面，機器人對生活、生產的介入使人類由「生產者」轉變為機器人的「管理者」，某一生產組合中對人的需求量有所下降；另一方面，人們對於機器人的高要求也意味著產業工人為此要不斷提高自己在程式設計、系統處理等方面的知識。所以，我們不僅要看到機器人時代所帶來的優勢，也要看到這個時代為我們提出的新要求，對國家乃至世界的產業分工形式、產業競爭優勢有深刻的了解，並對「機器人革命」所帶來的變化有所預見，奮而爭奪新時代產業競爭的主導權。

　　整體而言，「機器人革命」具有以下 5 個特徵。

特徵一	特徵二	特徵三	特徵四	特徵五
新一代機器人以智慧化為核心特徵	新一代資訊科技的發展使機器人成為物聯網的終端	機器人生產成本降低，CP值提高	機器人應用領域逐步擴大	人機關係發生深刻變化

圖 1-1「機器人革命」的 5 個特徵

（1）新一代機器人以智慧化為核心特徵

　　隨著機器人複雜程度的加深，智慧化已成為衡量機器人效能的首要標準。具備人工智慧和多種感知力的機器人能夠對環境進行自動辨識，在無人狀況下也能夠進行簡單操作。高智慧機器人甚至能夠在未來根據訂單要求獨立完成生產線工作，真正打造無人工廠。

（2）新一代資訊科技的發展使機器人成為物聯網的終端

　　技術的進步使工業機器人大規模連線網路成為可能，這將實現生產系統的不斷擴大；多臺機器人之間的協同合作有助於完成更多複雜的操作，不斷提高生產效率；家庭機器人可以透過網路實現遠端監控，使我們的生活更加方便、快捷。

（3）機器人生產成本降低，CP 值提高

　　機器人最初被稱為工業機器人，可見其主要應用在工業領域，相對來說價格也比較昂貴。隨著技術的不斷創新，機器人製造的成本在不斷降低，與傳統專業裝置的價格差也在不斷縮小。智慧化、精準化的機器人在某些個性化程度高、流程煩瑣、操作複雜的產品製造中甚至比傳統專業裝置更有優勢。相對低廉的價格也使機器人步入家庭、辦公室成為可能。

（4）機器人應用領域逐步擴大

　　智慧化水準的提升使機器人在功能和技術層次上有了根本性的飛躍。機器人走出原本的汽車、電子產業，步入操作流程複雜的紡織、化工、食品等行業。在未來，機器人將會以其高智慧化應用於工業、生產、生活等各個領域。

（5）人機關係發生深刻變化

　　資訊科技和工藝的成熟將會使人與機器人的連繫更加密切。一方面，電腦技術將會為人對機器人的控制提供更加標準的平臺，使機器人可以接收來自於手機、電腦等不同終端的指令；另一方面，人對機器人的信任會不斷提升，人會傾向於同機器人進行合作，而非控制。

機器人產業大國的「激烈競爭」

美國：From Internet to Robotics

　　美國早在 20 世紀 60 年代就開始了工業機器人的研發製造，但是由於國內的高失業率，美國政府並沒有將其作為重點發展專案，因而錯過了機器人發展的先機。

　　20 世紀 70 年代末，藉助工業機器人而快速發展的日本汽車製造業使美國感到形勢緊迫，美國政府迅速制定採取了相應的政策和措施以挽回已經失去的機器人市場。儘管具備視覺、力覺的第二代機器人迅速占領了美國 60% 的市場，但是美國在機器人製造方面的「重理論、輕應用」問題並沒有得到很好的解決，這也成為美國打破歐洲、日本等國家壟斷態勢的障礙。

　　美國總統歐巴馬在 2011 年 6 月正式宣布啟動《先進製造夥伴計劃》，將發展工業機器人看作重振美國製造業的關鍵，並提出要投資 28 億美元進行第三代智慧機器人的開發。2013 年美國釋出了機器人發展路線報告，其副標題就是

「From Internet to Robotics」，由此可見，美國已經將機器人研發提到與 20 世紀網際網路同等重要的位置。

雖然美國工業機器人存在「重理論、輕應用」的問題，但也正是最初對理論的透澈研究使美國在工業機器人體系結構方面具備更大的優勢；機器人在效能、功能及精確度上也遠超他國；同時機器人語言研究發展較快，語言類型之多、水準之高是其他國家無法企及的。這些高品質的基礎效能加上美國原本就超前的資訊科技，使美國工業機器人的智慧化之路走得更加順暢。

美國將智慧化作為機器人研發的重點方向，不僅專注於人工智慧技術的研發，更是以降低機器人自重與負重比為目標，不斷研發新材料。除了原有的工業企業，以 Google 為代表的美國網際網路公司也開始涉足機器人領域，以避免科技公司走向衰退的命運。

Google 在 2013 年收購多家科技公司，試圖藉助自身原有的虛擬網路技術基礎來推動智慧機器人的研發。目前，Google 已經完成了在視覺系統、人機互動、強度與結構等關鍵領域的初步部署，這是 Google 挺進智慧工業機器人市場所邁出的第一步。若是其機器人部門能夠按照「組織全球資訊」的目標不斷發展，機器人應用所帶來的巨量資訊將會反過來推進 Google 的數據業務，實現 Google 公司的良性循環發展。

日本：具備成熟的配套體系

　　20世紀60年代的日本進入經濟高速發展時期，但這也加劇了勞動力不足的困境。日本從美國研發的工業機器人中找到緩解該困境的方法，透過引進、吸收、再創新，日本的工業機器人產業在20世紀80年代進入鼎盛時期，機器人在各個領域的廣泛應用，大大緩解了勞動力短缺的社會矛盾。

　　日本製造的機器人無論是在技術還是應用上都處於世界領先水準，占據著世界工業機器人市場的半壁江山。截至2012年，日本國內工業機器人的使用密度達到332臺／萬人。

　　日本工業機器人之所以能夠在幾十年的時間裡迅速崛起，首先得益於其完備的配套體系。機器人的技術基礎是微電子技術及機械電子一體化技術，日本的這兩項技術始終居世界領先地位，這就為日本工業機器人製造打下了堅實的基礎。同時日本的機器人研發企業在控制器、感測器等關鍵零部件方面也有硬體的技術支援，這種配套的產業體系實現了日本工業機器人的微型化、網路化及廉價化。

　　工業機器人在各領域的廣泛應用也推動了服務機器人產業的興起，如研發醫療機器人來應對高齡化問題、研發救災機器人來應對自然災害等。

　　日本政府的政策支持為其機器人產業的發展創造了良好的環境。在工業機器人發展初期，日本政府就不遺餘力地推

行財稅、投融資政策來推動機器人的普及應用，同時也在技術政策上予以大力支持。這些政策激發了企業從事機器人產業的積極性，1980 年成為日本的「機器人普及元年」。

日本政府在進入 21 世紀以後更是將機器人產業作為經濟發展的重點方向，並在 2002 年推出了「21 世紀機器人挑戰計劃」。該計畫將機器人產業定位為高階產業，以將工業機器人應用到醫療、福利、防災等諸多社會領域為目標，推出了發展公共平臺、加大扶持力度、開發人機友好型機器人等一系列新措施。日本經濟產業省在 2004 年的「面向新的產業結構報告」中將機器人列為重點產業。

隨著國際機器人產業競爭日趨激烈，日本政府在 2014 年擬將機器人作為經濟成長策略的重要支柱。與此同時，日本總務省、文部科學省等其他政府機構透過舉辦「機器人競賽」、「機器人獎」等社會活動來激發公眾對機器人的熱情，共同推動日本機器人產業的平穩發展。

德國：推動傳統產業的轉型更新

德國工業機器人產業起步稍晚於日本，但發展迅速。和日本一樣，由於第二次世界大戰後德國勞動力短缺和製造業工藝技術水準低下，德國不得不在工業技術領域尋求解決方法。

與日本不同的是，德國的工業機器人產業除應用於汽車、電子等技術密集型產業之外，還致力於藉助機器人實現傳統產業的改造更新，這使得德國工業機器人的銷量高於其他國家。有數據顯示，2012 年德國工業機器人使用密度達 273 臺／萬人，德國已成為歐洲最大的多用途工業機器人市場。

德國在機器人市場中的超高地位離不開德國政府的幫助和扶持。德國政府始終將技術應用和社會需求相結合奉為機器人發展的最高原則。

20 世紀 70 年代，德國政府在「改善勞動條件計劃」中對機器人使用做出強制規定：部分有毒、有害的危險工作職位必須使用機器人，這種行政手段真正將機器人推向了市場。1985 年提出的「向智慧機器人領域進軍」的計畫使機器人開始應用於德國的各個產業。2012 年德國推出「工業 4.0」計劃，這個以建構「智慧工廠」為核心的計畫專注於工業機器人的靈活性和個性化，對機器人的感知能力、學習能力、人機互動能力提出了更高的要求。

德國聯邦教育及研究部已經開始對人機互動技術和軟體研發進行資助。如果該計畫成功，下一代機器人不僅能夠接受人類的遠端管理，還能夠解決工業發展中的高耗能問題，實現製造業的產業更新。

韓國：政策扶持機器人產業發展

相比於前幾個國家，起步於 20 世紀 80 年代末的韓國工業機器人產業算是「年輕的孩子」，但是這個孩子卻以驚人的速度不斷成長。

同樣是為了應對國內汽車、電子產業對工業機器人的需求，韓國在 20 世紀 90 年代初引進日本發那科，用 10 年的時間形成了自己的工業機器人產業體系。有數據顯示，2001 至 2011 年間，韓國機器人裝機總量年均成長速度高達 11.7%，韓國工業機器人產業進入又一個高速發展期。2012 年，韓國工業機器人的使用密度是 347 臺／萬人，這是全球工業機器人的平均使用密度的 6 倍。

目前，韓國已經研發出可供焊接、密封、搬運、打磨等各項需要的機器人，這些機器人的投產使用為韓國的汽車、電子等技術密集型產業帶來了福音，國內工業機器人的自給率得到很大提升。雖然韓國工廠機器人已經占據全球 5% 的市場占有率，但是韓國在技術上與歐洲、日本的差距還是不容忽視的。

第三代智慧機器人是工業機器人發展的趨勢，對此韓國政府也釋出多項政策予以支持：2003 年，韓國產業資源部釋出了包括智慧工業機器人在內的「十大未來成長動力產業」；《智慧機器人開發與普及促進法》在 2008 年 9 月正式實施，

機器人產業上升到國家策略層面；2009 年 4 月釋出的《第一次智慧機器人基本計劃》將韓國在 2018 年成為全球機器人主導國家作為發展目標；為搶占智慧機器人的市場先機，韓國政府在 2012 年 10 月公布的《機器人未來策略戰網 2022》中提出要不遺餘力支持韓國企業進軍國際機器人市場。

第 2 章

工業 4.0 革命：機器人與智慧製造

工業 4.0：
由智慧製造主導的第四次工業革命

3D 列印：引領全球製造業變革

以智慧製造為代表的第四次工業革命，推動了傳統工業生產模式的轉型更新：數位製造、人工智慧、工業機器人等領域的不斷優化創新，推動了傳統工業生產的智慧化、自動化轉型。

具體來講，面對智慧工業機器人、自動化生產等新一輪技術革命對傳統生產模式和勞動力市場的衝擊，我們應該順應這一經濟發展的資訊化趨勢，調整產業結構，大力發展具備核心競爭力和發展前景的高階製造技術；積極布局智慧化、自動化等新興產業；提升勞動力的整體素養和技能水準。

3D 列印應用到產業。

3D 列印是以數位模型檔案為基礎，運用粉末狀金屬或可黏合材料，透過逐層列印的方式來構造物體的一種技術，實

質上是一個利用光固化和紙層疊等技術的快速成型裝置。

3D 列印技術對很多人來說並不陌生。早在 20 世紀 80 年代，該技術就被應用到醫療行業。只是隨著智慧化、自動化生產模式的崛起，3D 列印技術被應用到了更多的產業中，也逐漸被更多的公眾所熟知和關注。

歐美等國的製造業聯盟機構，將 3D 列印技術在產業中的應用，主要定位於醫療和飛機關鍵小部件的製造上。例如，當前全球有超過一千萬人使用個性化訂製的 3D 列印助聽器產品；僅 2013 年比利時瑪瑞斯 3D 列印技術公司（Materialise）列印的醫療模型數量就達到 15 萬個。

3D 列印技術使很多新設計、新材料得以應用到工業製造中，推動了智慧生產和加工的發展，也有利於滿足人們不斷成長的對智慧化裝置的需求。

有學者指出，21 世紀臨床醫學有 4 個發展方向：個體化、精準化、微創化和遠端化。而這 4 個方向的實現，需要以智慧化、數位化技術的發展應用為支撐。其中，3D 列印技術將是智慧化裝置生產和數位化技術的重要內容，也將在臨床醫學領域大有作為。

當前 3D 列印技術在列印模型、協助精準手術等領域有著廣泛應用。未來，該技術還將應用於軟組織系統和組織工程支架的製造，甚至是人體血管肌肉的 3D 列印。

本質而言，3D 列印雖然與普通列印的工作原理相同，卻並非是印刷技術，而是一種製造技術。傳統製造中是以原材料為對象進行加工，並最終製造出目標產品，因而會受到原材料本身的限制；而 3D 列印技術卻是一種「增材製造」，是「無中生有」的製造過程，因此不但不受原材料的束縛，還是一種極其節約高效的製造技術，基本不會產生廢料。

　　從這個意義上講，3D 列印技術能夠彌補傳統製造工藝的不足，將更多的新型材料應用到產品製造中，滿足市場對產品的個性化、訂製化需求，推進傳統製造業的更新轉型。

　　例如，在飛機發動機的生產中，防鳥撞零件形狀十分複雜，透過傳統製造工藝進行加工製造難度很大。如果藉助 3D 列印技術進行製造，就不會受到零件形狀的約束，基本上可以「一次成型」，從而大大提高了生產效率，也更好地滿足了產品的功能性需求。

　　隨著智慧化、自動化工業製造時代的到來，3D 列印技術受到了越來越多的關注，產業發展迅速，成為當前「成長最快的十大工業」之一。不過，與規模龐大的傳統製造業相比，3D 列印的市場規模仍然太過渺小。比如，世界 3D 列印技術產業聯盟的數據顯示，到 2013 年，3D 列印產業的市場規模還不足 40 億美元，甚至比不上一家大型企業的年產值。

圖 2-2 1993－2013 年全球 3D 列印行業的產值及成長率

　　因此，並不是說有了相應的技術、機器、模型、材料，3D 列印行業就一定會迅速崛起。作為一種製造技術和產業，3D 列印與傳統製造業一樣，也需要優質高效的流程管理、明確的市場定位和發展方向等內容，如此才能真正推動該行業的深度發展。

　　整體來看，作為一種技術比重很高的智慧製造行業，3D 列印技術能夠有效滿足消費者對個性化、訂製化產品的需求。正如業內人士指出，3D 列印技術的彈性製造特點，以及對原材料適用範圍的突破，能夠為消費者帶來更多個性化和革命化的產品體驗。

　　因此，3D 列印與傳統製造業並不衝突。相反，作為一種先進的製造技術，它還為傳統製造業的智慧化、自動化轉型更新提供了方向，能夠以「精、準、快」的製造優勢，彌補傳統製造業的不足，推動其順利更新轉型。

人機共融：新一代機器人發力點

　　機器人產業一直是自動化、智慧化製造的典型代表。隨著技術的發展，未來的新一代機器人不僅會更加便宜，能夠應用到更多的中小企業和領域中，而且還將實現人機共融，變得更加靈活、更為智慧。

　　作為自動化製造技術的重要產物，工業機器人經過幾十年的發展已經較為成熟，不僅被廣泛應用於各個生產製造領域，還催生了服務機器人的發展應用。有研究認為，在智慧化浪潮的推動下，機器人將成為人們生產生活不可或缺的關鍵因素之一。其中，能夠大幅增強生產能力的工業機器人，以及為人們提供智慧化醫療服務的醫療機器人，將有著十分廣闊的發展前景，並在未來社會中扮演著重要角色。

　　隨著人力成本的提升，工業機器人在生產製造中將發揮越來越重要的作用。例如，在 20 世紀 70 年代至 90 年代，日本為應對勞動力短缺對經濟高速發展的限制，積極發展應用工業機器人，成為國際上機器人應用第一大國，也使該國一躍成為全球製造強國。

　　隨著亞洲經濟的快速崛起，以及全球生產模式的智慧化、自動化更新轉型，工業機器人的需求也將不斷激增，有著十分巨大的市場發展空間。相關數據顯示，當前全球工業

機器人在工作職位中的占比僅為 5.63%，工業機器人的應用
市場仍有待進一步開發。

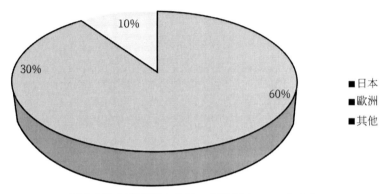

圖 2-3 日本和歐洲占全球工業機器人 90% 的產能

　　工業機器人在汽車整車及零部件、工程機械、鐵道運
輸、低壓電器、電力等領域的發展應用已經比較成熟，未來
的技術更新和發展方向主要集中於幾個方面。

　　進一步優化機器人的速度、精度、適應性，增強機器人
在定位、操作等方面的能力。隨著技術上的突破更新，在 20
世紀 90 年代，工業機器人的定位精度和平均無故障時間，分
別提高了 61% 和 137%，價格方面則降低了約 50%。有研究
猜想，在資訊化、智慧化技術的推動下，到 2030 年，工業機
器人的定位精度還將有大幅提升。因此，未來機器人可能會
成為生產流程中的一個即插即用的部件，可以隨時應用到需
要的環節。

不斷提升機器人的智慧化、資訊化水準，增強機器人的擬人化和互動溝通能力，最終實現人機共融，擴大應用範圍。比如，日本在人型機器人研發上的突破，使機器人有了更強的互動溝通能力，可以與使用者自如交流。

整體來看，在第四次工業革命浪潮的推動下，人機共融將成為新一代機器人的發力點，也是世界機器人領域研發創新的主要方向。例如，在工業機器人領域，透過人機共融，機器人就能夠像人類一樣學習工作技能，配合好人的工作需求，而「人與機器人的關係，也將從主僕關係變成合作關係」。

大數據＋雲端運算：嵌入生產過程

自 2008 年世界金融危機以來，各個已開發國家相繼提出了新的策略規劃，如美國的「再工業化構想」、日本的「工業智慧化」、德國的「工業 4.0」等。雖然這些發展策略的名稱、方向有所差異，但卻都十分注重對新一代資訊科技的運用。比如，將日益成熟的大數據和雲端運算技術，嵌入到製造業的生產服務流程之中，實現更精準的產品生產和更優化的產品服務。

在當前的製造業市場中，誰能夠更及時、更準確地回饋和解決遇到的問題，誰就能在競爭中占據優勢和主動。不過，相比這種「看得見」的競爭，越來越多的企業開始利用網際網路平臺和大數據技術，努力預判產品從研發到銷售各

個環節可能出現的問題和風險，並實現有效規避，從而增強
自身的生產和競爭能力。

正如 NSF（National Science Foundation, 美國國家科學基金
會）智慧維護系統產學合作中心主任李傑指出的，大數據在製
造業領域的最大價值，就是幫助企業找出可能發生的隱藏問題
和風險，從而有針對性地調整、優化產品研發製造的整體流程。

大數據是指包含著巨量數據的資訊資產。這些數量龐大、
內容多樣的資訊數據，需要藉助新型的軟體和數據模式進行處
理，並能夠大大增強企業的決策力、洞察力和流程優化能力。

就製造產業來看，大數據主要來源於 6 個方面，被稱為
「6C」：Connection（連線：感測器和網路）、Cloud（雲端：
任何時間及需求的數據）、Cyber（虛擬網路：模式與記憶）、
Content（內容：相關性和含義）、Community（社群媒體：分
享和交際）、Customization（客製化：個性化服務與價值）。

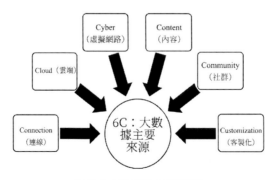

圖 2-4 大數據的 6 個來源

以往，寶潔公司為保證尿布的產品品質，需要裝置對產品逐一篩選檢查。如果發現問題，就需要暫時停止生產，找出不合格的產品後，才能再重新開機製造。這種篩檢模式不僅費時費力，對問題也局限於事後的發現、彌補，增加了生產成本，也限制了效率提升。

如今，寶潔公司將大數據技術應用到尿布生產的過程中。即透過對生產流程的全天候監控，能夠更加精準地預判生產流程中的不良環節，從而在問題發生之前就進行優化調整，保證了生產流程的連續性。有數據顯示，僅僅這一個方面的改善，就使寶潔公司每年的生產成本減少了 4.5 億美元。

與大數據密切關聯的另一個資訊化技術就是雲端運算（Cloud Computing）。它是針對巨量資料、高成長率和多樣化特質而出現的一種全新的資訊處理技術和模式。

雲端運算是傳統電腦和資訊化網路技術融合的產物，能夠將碎片化、零散化的數據資訊有效整合起來，發現它們的關聯性，從而為企業或商家決策提供更精準、更科學的數據資訊。正如有些學者指出的，雲端運算拓展了大數據的生產空間和價值，讓毫不相關的資訊變成了互相關聯的鮮活數據，並在縱向上提升了資訊化與工業化的融合程度。

Cisco（思科）公司的大中華區高級副總裁認為，透過雲端運算，可以將共享的大數據資訊按照需求提供給需要的

人，從而使大數據應用更加智慧化、智慧化。他指出，雲端運算「不再圍繞 CPU，而是圍繞網路轉，就像附著在網路上的一層能力，網路延伸到哪個地方，你的計算能力就延伸到哪個地方，無處不在」。

在製造業中嵌入大數據和雲端運算，一方面能夠對產品製造流程進行隨時監控，從而提前發現問題、規避風險；另一方面還能夠極大增強企業對客戶回饋的非結構化數據資訊的處理能力，優化企業的市場洞察力和決策精準度，從而為市場提供更根本性的產品和服務。

從微觀層面而言，「大數據＋雲端運算」的結合，能夠推動企業的資訊化更新轉型，優化產品的研發生產流程，增強企業對市場資訊的洞察力和敏感性，進而實現從生產型製造向服務型製造的轉變，圍繞市場個性化、訂製化需求進行精準生產。

從宏觀層面來講，大數據和雲端運算的應用，有利於整個製造產業的優化更新，提高生產的靈活性、準確性和安全性，從而幫助製造產業真正根據市場需求安排生產活動，實現向智慧製造和雲端製造的資訊化轉型。

智慧機器人：引領傳統製造業轉型

一場生產線上的「智慧製造」革命

在機器人應用方面，以電動刮鬍刀的生產來說，荷蘭的電動刮鬍刀裝配過程已經可以由機器人代替人工進行操作。

荷蘭的飛利浦電動刮鬍刀生產企業中，見不到那麼多穿著統一制服、四處忙碌的工人，倒是有一百多臺機器在生產線上進行產品的裝配工作。在整個生產及操作過程中，需要的員工數量非常少，其員工數量甚至不到普通工廠的 10%。與人工操作相比，這些機器臂更加靈活、精準。

在這些機器人當中，有些機器人負責的工作是人工操作很難完成的，比如，有的機器人能夠按照要求將連線從非常細小的穿孔中穿出，人們如果不借助工具，很難看清穿孔的位置。除此之外，機器人的工作效率很高，操作速度非常快，它們不需要節假日休息，工作量驚人。

這就是新一代的智慧機器人，與如今在很多重工業企業中應用的機器人相比，新一代的機器人更加靈活，如今，這

種機器人正在被越來越多的國家應用到物流及生產過程中。很多電子產品的裝配都交給外包工廠，由大規模的普通員工完成操作，無論是裝配速度還是品質，都遠遠比不上機器人生產。當然，除了電動刮鬍刀之外，新一代的機器人還可以完成更多消費品的裝配與生產流程。

負責裝配蘋果公司科技產品的相關人員透露，如今蘋果也在著手應用機器人進行產品的組裝。雖然富士康（蘋果的代理製造商）還在擴建場地且每年都會僱傭大量員工，但該公司正在考慮在幾年時間內引進一百萬臺以上的機器人，用以彌補勞動力的短缺問題。

至於究竟有多少員工會因為機器人的引進而被辭退，以及機器人引入計劃需要多久來實施，富士康方面沒有明確表示。不過富士康的董事長郭台銘表示，富士康會引進更多的機器人進行產品組裝。他曾在採訪中表示，員工規模太大，會給企業整體的管理帶來困難。

隨著機器人研發技術的提高，其智慧化水準不斷增強，而成本消耗也逐漸減少。如今，越來越多業內人士開始關注人工工作流失的速度。《人工對機器》的作者 —— Andrew McAfee 與 Erik Brynjolfsson 也是這個領域的專家，正如他們在自己的著作中提到的，從經濟層面上來說，新一代的機器人將在相當程度上加速人工工作被代替的速度，更多的生產

領域會應用機器人來進行產品裝配。

　　從規模上來說，此次技術革命的影響並不落後於 20 世紀的農業技術革命。農業技術革命使美國的勞動力組成結構發生了很大的改變，農業就業人數所占的比例下降了 38%，而將這次技術革命的影響與 20 世紀在製造領域發生的電氣革命相提並論也不為過。

　　Flextronics 公司坐落於美國科技城，是著名的電子產品生產裝置供應企業，如今，該公司正在不斷引進機器人代替人工。企業在生產過程中應用自動化裝置的做法，總有一天會獲得比僱傭人工工作更多的收益，而 Flextronics 公司正在努力實現這一點。

　　不過也有專業人士持有不同的觀點。比如，在美國 Applied Minds 公司擔任工業裝置設計師的 Bran Ferren，他對機器人技術有著豐富的研究經驗，在他看來，通用性機器人在企業生產過程的應用還有很多問題需要解決。雖然機器人能夠代替人工進行一些裝配工作，但仍然有很多組裝工作是機器人無法完成的，比如散熱片及軟管的安裝工作，到目前為止仍然需要人工操作來完成。

　　另外，機器人代替人工使很多在工廠任職的普通工人感覺到瀕臨失業的壓力，他們聯手一些社會團體組織紛紛抗議新技術革命的實施。如今，一些開發中國家的人工成本逐漸

提高，智慧財產權被侵害的問題頻繁發生，這使得很多人到西方國家就業，西方國家也增加了一些職位，但不可否認的是，越來越多的領域開始應用機器人代替人工，整體來說，西方國家的就業機會也在不斷減少。

以美國舊金山的 Flextronics 公司為例，該公司以生產太陽能電池板為主。事實上，超過半數的美國太陽能電池板市場占有率是由他國的工廠來完成的，舊金山的這家公司便希望透過自己的努力使工業與製造業「本土化」。

然而，在這家公司進行產品裝配的過程中，機器人操作占據了多數。工廠中只有少量的員工參與生產。機器人負責全部的搬運工作和絕大部分的精細組裝。太陽能電池的排列、封裝都無須人工操作。在這裡，員工的工作僅限於將裝配材料中多餘的邊角清理掉，以及用已經安裝好的框架來固定太陽能電池板。

如今，各國都開始在不同領域中應用最新的機器人技術，很多人工操作由機器人代替完成，比如物流領域。機器人在物流企業中的應用能夠大大提高貨物的儲存、包裝及取出速度，其工作量遠遠大於人工。比如：美國成立於 1918 年的 C&S 食品批發公司就在生產過程中應用了機器人，大幅度提高了生產率。

機器人的智慧化水準不斷提高，其視覺與觸覺也更加靈

敏，越來越多的人工操作可以由機器人代為完成。

　　舉個例子，在波音寬體商用飛機的組裝過程中，就透過機器人來實施機體蒙皮的連接工作，這個環節對品質及精準度的要求非常高，機器人的操作完全能夠滿足生產要求。另外，機器人工作還能夠避免工人在操作中發生危險。

　　美國的 Earthbound 農場在貨物運輸過程中採用了機器人。這些機械臂依靠特殊的吸盤將產品搬運到貨運箱中。與人工運貨相比，機器人操作的速度大大提高。John Dulchinos 作為 Adept 公司的技術總裁，負責貨運機器人的研發，他表示，相同時間內，一臺機械臂的工作量為 2 至 5 個員工的工作量。

　　一些機器人研發企業公開表示，利用機器人進行某些產品的生產，能夠比僱傭員工節約很多成本消耗。2014 年舉辦的芝加哥自動化展覽會上，工廠自動化系統諮商公司以表格的形式簡單而明瞭地呈現出應用機器人在節約成本方面的突出優勢。

　　舉個例子，假設某企業需要在機械操作環節僱傭兩名員工，該環節每年的人工消耗為 10 萬美元，而能夠代替這兩人進行操作的機器人需要消耗 25 萬美元，這種機器人的安全使用期限為 15 年，則在這段時間內，應用機器人代替人工能夠使企業多獲得 350 萬美元的盈收。而且，機器人的應用能夠

提高國家整體的競爭能力。

在機器人對就業方面的影響上，雖然機器人的應用代替了許多人工勞動，但企業仍然需要聘用員工。比如，製造業仍然需要聘用員工進行生產線的維護，而且，還有許多其他職位需要員工的實際參與。另外，機器人研發過程中也需要聘用大量勞工，國際機器人聯合會釋出的統計結果表示，全球的機器人在製造過程中，聘用了約 15 萬員工進行研發與組裝。

然而，一直以來，西方國家在生產技術中占據領先的地位，在今後的發展中也可能被其他國家代替，很多開發中國家也需在生產中引進機器人技術。

智慧機器人引領傳統製造業轉型更新

快速組裝線

飛利浦電子公司獨立研發的電動刮鬍刀誕生於 20 世紀 30 年代末，10 年之後，該公司在德拉赫滕創辦了組裝工廠。該工廠在刮鬍刀研發方面的技術十分精湛，最新推出的刮鬍刀甚至比智慧型手機的製作工藝還複雜。

在飛利浦公司工廠的快速生產線上放置著一排排密封在玻璃罩裡的機器人，Adept Technology 公司為其供應商。所

有機器人都在馬不停蹄地工作，它們都與特定的攝影機連線在一起，擁有敏銳的視覺辨識能力，能夠準確地找到裝配零件。除此之外，機器人還能嚴格按照要求進行高精度的配置與組裝，包括穿孔、繞線、零件安裝等。不僅如此，這些職能機器人除錯起來也更加方便，具有彈性化特點，可適用於多種操作。

我們再以坐落在美國弗里蒙特的特斯拉汽車公司為例，來講述一下該公司在生產汽車的過程中是怎樣利用機器人進行操作的。

通常情況下，企業在生產過程中採用的機器人只能做一種工作，但在特斯拉汽車公司的這家工廠中，機器人可以透過更換手臂而承擔四種不同的任務，它們不僅可以組裝零件、完成不同部件之間的黏合，還能進行鉚接和焊接。

在快速生產線上，每隔一小段時間就會駛來一輛未完工的汽車，然後會有 8 個機器人對其進行加工操作，其工作效率遠遠超過人工操作。特斯拉的這家工廠在一天之內可以完成 80 多輛汽車的全部組裝，一年之內的產量大約為兩萬輛。另外，只要改變機器的程式設計，就可以利用其生產不同種類的汽車。

我認為，特斯拉在汽車生產過程中對機器人的應用是具有里程碑意義的，其他企業可從他們這裡借鑑經驗。另外，

也有一些企業正計劃在生產過程中引入更多的機器人。

　　相比於普通的汽車生產企業來說，其優勢便在於，機器人在生產過程中會得到大規模的應用，而且，這些職能機器人的彈性化程度很高，可以完成多種操作任務。

新的庫房

　　美國 C&S 公司擁有其專屬的供貨庫房，而該庫房的物流系統分為兩種，一種是以人工操作為主的傳統物流系統，另一種則是以機器人操作為主的新式物流系統，透過這兩個物流系統的對照分析，我們可以從中看出機器人給工業企業的運作帶來的變化。

　　傳統物流系統占據了整個庫房的絕大部分場地。貨物的搬運與儲存全靠員工駕駛專用車輛來完成，其員工規模達到幾百人。當人們忙於工作時，各種機器、車輛的噪音不絕於耳。員工以電腦系統傳達出來的訊息為要求，並據此進行貨物的搬運工作。

　　相比於傳統系統，新式系統不僅占地面積小，而且無須聘用大量員工。該系統中總共引進了 168 個機器人，由它們來負責貨物的儲存與運輸工作。據統計，這些機器人移動速度的平均水準能夠達到 25 英里／小時，其工作效率遠遠超過普通員工。

每個機器人都由電腦進行操控，它們根據電腦的指令迅速移動到貨物儲存區，進行儲存或運輸操作。機器人的側面裝有專門用於搬運貨物的叉指，非常靈活，它們的身上還有專門放置貨物的地方。在拿到貨物後，機器人就會轉入特定的通道，進行貨物的運輸，這個過程並沒有想像中那麼簡單，因為會有多臺機器人同時執行在一條通道中。

　　負責進行貨物排列的機器人比其他機器人的體型都要高大，它能夠迅速地將裝有貨物的箱子進行排列，因為提前做好了相關的程式設計，機器人執行命令的速度非常快，不必在產品運輸後期由專門的人員對產品進行一一排列。貨物排列完成以後，接下來要做的就是打包，這個環節也會有專門的機器人負責執行。最後，接收到電腦指揮訊息的堆高機會移動過來，將貨物移動到貨車，隨時可以向外出貨。

　　這種新式物流系統的供應商是美國的 Symbotic 公司。該系統的設計人員在深入研究軟體演算法的基礎上研發出新式物流體系，大大提高了物流體系的運轉速度。公司的管理層人員以大型電腦來形容他們研發出的這套體系，機器人運送貨物的過程就好像電腦在處理資訊一樣，該體系在運作過程中不會受到其他因素的牽制，所以工作效率非常高。

人類角色的改變

Josh Graves 雖然還不到 30 歲，但他已經擔任了十多年的倉庫管理員，Graves 在任職期間，見證了機器人的引入對這個行業帶來的改變，也看到了自動化程度的提高使越來越多的工人面臨失業壓力。

羅格超市的大部分紡織品來源於 Graves 供職的這家倉庫，Graves 讀完高中後就開始在這裡工作，倉管員的工作非常繁重，在上班期間難得空閒，因此，很多前來應徵的人都因為吃不了這份苦而相繼辭職離開。

後來，倉庫進行了改革，引進了一整套自動化裝置，裝置正式啟動後，許多人工操作被機器的自動化操作取代，改革實施後，大約有兩成的員工失業。雖然一些有工作經驗的公會工人留下來負責自動化裝置的維護，但後來，德國公司參與進來，又造成一部分人失業。

相比於以前，Graves 現在的工作輕鬆了很多，他主要負責在倉庫裡駕駛機器來運送裝箱的貨物，至於要運送哪一種貨物，則由電腦透過他佩戴的耳機向其發出指示，管理層人員則可以透過電腦查詢他們的工作效率及行蹤。

後來，管理層人員有意再擴建一家由自動化裝置執行的倉庫。得知此消息後，公會工人紛紛向市議會表示抗議，希望議會不要批准此計劃的實施。在工人們看來，自動化裝置

的引入使他們面臨失業的危險，若計劃被批准，就意味著更多的人要被辭退。

　　不過，仍然有一部分人工操作是機器人無法取代的，比如，在運作過程中需要員工參與某些工作，這些工作的重複性低，機器無法完成；又如，在飛機、汽車裡面安裝玻璃纖維板，這些工作對觸覺的要求較高，機器無法實現；還有一些規模非常小的裝配工作，透過機器人來完成，則需一次次重新程式設計，成本消耗太大。但隨著機器人技術的不斷提高，其應用性也愈加廣泛。

日新月異的物流業

　　美國加州的一家倉庫管理系統將機器人技術應用到生產線操作過程中，這臺機器人身上裝置了特定的吸盤與鏟斗，能夠將貨物依次放到輸送帶上。在之前，這樣的重複性工作都是由普通工人來完成的。

　　傳統的機器人因為沒有智慧的視覺系統，且在光照環境方面受限，不能代替人工操作，而新一代的機器人應用了立體照相機與軟體系統，能夠對貨物進行辨識，因而，能夠代替人工進行貨物的揀選與傳遞。具體來說，該機器人的靈感來源於微軟研發的 Kinect 體感系統，並在此基礎上進一步發展而來。

　　而在其運作過程中需要進行大量貨物揀選工作的，除了各類生產企業，還有就是物流公司，比如聯邦快遞，因而，這種新式機器人便可改變物流業的運作方式。

　　Willow Garage 公司以機器人研發技術聞名，該公司在發展到一定階段後建立了資產分派公司，名為 Industrial Perception。Industrial Perception 正計劃將其機器人技術應用到一家大規模的貨物運輸公司中，這家運輸公司的搬運工數量超過 1000 人，他們每天都從事著繁重的搬運工作。據統計，工人們在 1 分鐘的時間裡需要搬運 10 個至少 130 鎊重的箱子，所以，不僅工作量大，還容易損害身體。

　　如果 Industrial Perception 研發的機器人搬運一個箱子的時間能夠比人工搬運減少 2 秒，他們的機器人就能夠被搬運公司認可。機器的設計者宣稱，他們的機器人搬運一個箱子的時間只需人工搬運的 1/3。

　　Gary Bradski 是機器人研發方面的專家，Industrial Perception 公司由他一手創立，在他看來，機器人技術的應用會給物流領域與製造領域帶來全方位的變革，此次變革的程度甚至可以與網際網路的影響相媲美。

傳統製造企業如何擁抱工業 4.0

模式更新：從「產品」轉向「服務」

　　在以智慧製造為代表的工業 4.0 時代，融合了大數據、雲端運算、物聯網等尖端技術的「產業物聯網」（Industrial Internet of Things）開始成為人們關注的焦點。單調而枯燥的傳統工業運作模式逐漸被顛覆，一個數據、機器、人三者無縫連結的開放式網路即將到來。

　　在產業物聯網中，數據將成為企業無形的資產，擁有海量數據的企業在日益激烈的市場競爭中將具有領先優勢；在訊息的傳遞過程中，人與裝置、人與人及裝置與裝置之間將實現有效合作，從而使智慧製造、個性化生產成為可能。

　　可以想像一下這樣的情景：汽車發動機生產工廠中的智慧機器人，不僅可以靈活控制各種產品零部件的生產加工，還能透過彼此之間的訊息交換，有效應對生產中的各種突發事件。

比如，後一項工序中的機器人發現產品的某項引數出現問題時，可以及時地回饋給上一道工序的機器人，進而透過及時的調整使產品的品質得到充分的保障；發動機正式投入使用時，安裝在發動機上的感測器能隨時監測汽車執行狀態，為汽車的維修保養提供科學的指導。

產業物聯網的出現引發了這一系列的變革。由 GE（奇異公司）進行的一項調查顯示，預計到 2030 年，全球產業物聯網所產生的價值將突破 15 兆美元大關。為了強調這次由智慧製造主導的產業變革所產生的巨大影響力，業界將其命名為「第四次工業革命」，又稱之為「工業 4.0」。

由智慧製造引發的產業變革，一方面需要企業在智慧裝置與自動化控制系統領域加大資源投入，另一方面企業必須著重提升自己的「軟實力」，保持開放性的思維積極擁抱變革，透過生產方式與服務模式的革新，為企業創造出更人的價值。

新商業模式：從「產品」轉向「服務」

不難發現，產業物聯網的應用將有效提升企業的生產效率。連接網際網路的智慧裝置，在生產流程優化、裝置維修保養、降低生產成本等方面具有明顯優勢，這將為企業的發展提供強而有力的支撐。由德國國家工程院（ACATECH）

公布的一項數據顯示，企業在應用物聯網後，生產效率可提升 30%。

　　工業 4.0 時代不僅企業的生產效率得以明顯提升，更為關鍵的是，企業能夠以產品與服務的深度融合，透過為消費者提供全新的服務搶占市場占有率，從而獲得更多的利潤。企業的利潤不再只依賴於產品生產，更多的是創造服務價值。企業的智慧產品連接網際網路後，可以收集到海量的數據，並透過對這些數據的有效處理，為消費者提供附加值更高的數位化服務。

　　著名的輪胎製造商米其林，透過應用產業物聯網創造了一項全新的數位化服務 Dubbed Effifuel。

　　透過在使用者的卡車發動機及輪胎上安裝能夠隨時監測汽車數據的感測器，米其林可以獲得車速、胎壓、油耗、位置等詳細數據。然後，米其林專業的人才團隊會對這些數據進行處理，並透過數據分析為使用者提供駕駛解決方案。米其林公布的一項調查顯示，應用 Dubbed Effifuel 數位化服務可以幫助使用者每百公里降低 2.5 公升油耗。

　　企業透過「產品＋服務」融合的營運模式，能夠使企業與使用者建立緊密的連線。如果企業只依賴於產品銷售，使用者只有在產品需要進行維修保養時，才會與企業進行溝通；但如果企業能為消費者提供服務，企業將與消費者建立

更為廣泛的連線節點,在隨時的溝通交流中提升使用者的忠實度。此外,企業可以透過獲得的海量數據,深度挖掘價值鏈的各個環節,並透過制定相應的策略來提升企業的盈利能力。

產品與服務的深度融合,還能有效提升企業品牌的溢價。當企業提供的服務能迎合消費者的心理需求時,將直接影響消費者的購買決策。即使企業的產品在效能方面不占優勢,甚至是稍有劣勢,但企業可以透過服務來彌補這一不足。比如,GE 生產的飛機引擎產品的價值創造中,產品的銷售收入只占總收入的 30%,維修保養等數位化服務則占據了總收入 70%。此外,從生產成本的角度上來說,銷售服務能為企業帶來更高的利潤。

工業 4.0 時代,打造企業的「軟實力」

企業往往更加注重產品製造的「硬實力」,而忽視了企業服務的「軟實力」。在「工業 4.0」時代,企業需要及時調整自己的商業模式,在建立自動化、智慧化生產工廠的同時,在使用者服務領域中配置更多的資源。

為了提升企業服務的「軟實力」,逐漸轉型為「服務型企業」,企業管理者需要做好以下四個方面:

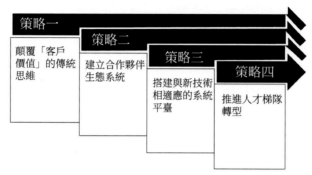

圖 2-9 打造企業「軟實力」的四大策略

（1）顛覆「客戶價值」的傳統思維

首先，企業需要明確什麼樣的服務才能為使用者與企業創造最大的價值，如何透過「產品＋服務」營運模式的轉型為使用者提供數位化解決方案。在具體實踐中，企業應該認識到從單一的產品生產轉型為「產品＋服務」，不是簡單地對產品細節的優化，而是發掘出使用者尚未得到滿足的需求，或者是透過創新解決市場中的痛點。

比如，世界著名汽車製造商戴姆勒股份公司（Daimler-AG）透過租車模式的創新，找到了為使用者創造價值的有效途徑。戴姆勒為城市中的用車人群設計了一種方便快捷的租車模式，並將其命名為 Car2Go。

與傳統租車模式不同的是，使用者在手機能找到離自己最近的可用汽車，接著用智慧卡解鎖汽車後，就可以駕駛汽車至目的地，可以按里程收費，也可按照時間收費。到達終

點後，將汽車停到任何一個合法停車點即可，免去了傳統租車還車的環節。

又如，海爾公司不僅能為消費者提供優根本性的家電產品，還在物流配送、供應鏈金融及電子商務等領域開拓創新，為合作商家及使用者創造了更大的價值。物流配送方面，海爾不但保證自身產品的物流效率，還能滿足其他商家的物流需求，從而使海爾在產業鏈上的優勢地位得到鞏固。此外，海爾集團的電商平臺不僅能更加高效便捷地與通路商進行貿易，還透過與銀行合作引入供應鏈金融服務，從而為海爾集團的合作夥伴提供金融服務。

（2）建立合作夥伴生態系統

不難發現，僅憑一家企業的單打獨鬥，很難將「產品＋服務」營運模式的優勢得以充分發揮，企業必須尋找能夠與自身進行優勢互補的合作夥伴。在尋找合作夥伴的過程中，企業應該思考：什麼樣的合作夥伴能與自身的客戶相匹配？什麼樣的合作夥伴能夠為企業提供足夠的幫助？如何利用與合作夥伴搭建的生態系統創造更大的價值？

農業領域中，越來越多的農戶希望企業能為自己提供科學有效的種植解決方案。為此，世界著名的農業裝置大廠強鹿（John Deere）與化工大廠陶氏化學及種子大廠杜邦先鋒展開密切合作，致力於為使用者提供「精準農業」解決方案。

方案透過對農戶數據的收集及處理，為使用者的種植提供科學的指導，協助農民進行播種、施肥、收割等。

（3）搭建與新技術相適應的系統平臺

　　與企業只提供有形的產品不同的是，「產品＋服務」融合的營運模式需要企業能正確掌握科技發展的趨勢，並打造出適應新技術的系統平臺。在平臺中充分融入通訊技術、智慧控制系統、數據分析系統等智慧化模組，從而實現人與裝置的數據共享，改變以往傳統的生產線生產模式，使使用者的個性化及訂製化需求得到滿足。

（4）推進人才梯隊轉型

　　「工業 4.0」時代，生產製造環節透過高度智慧化的機器人實現自動化生產的同時，對企業在軟體開發、控制系統、營運管理及行銷等方面的人才培養提出了挑戰。企業由依賴產品生產轉型為「產品＋服務」融合的營運模式，這個過程中需要足夠的人才作為支撐。

　　企業「產品＋服務」的營運模式中，需要由企業的開發人員研發新的數位化服務，工程師負責企業的產品設計，統計方面的人才對數據進行解讀，行銷人員負責將新的服務推向市場等。比如，GE 在其物聯網平臺 Predix 的建構過程中應徵了大量的人才，應徵職位涵蓋軟體工程師、數據分析工程師、統計專家、移動應用開發、行銷人員等。

此外，企業需要思考如何實現人機之間的高效合作。比如，企業所收集到的數據，不僅能被專業的人才理解並運用，非專業領域的人才也可以有效使用。另外，企業可以嘗試使用數位化技術促進員工工作效率的提升。

未來，以智慧製造為主導的工業 4.0 時代將為企業帶來更大的發展機遇。但目前企業發展的路上仍舊要面臨眾多的挑戰，比如，在智慧裝置連接網際網路後所面臨的數據被竊取的風險。保障使用者數據的安全是企業賴以生存的基礎，現階段企業需要從現實出發，根據自身的業務需求，合理進行產品及生產裝置的智慧化及網際網路化。

毋庸置疑的是，消費者都是在尋找能為他們帶來最大價值的產品與服務。產業物聯網的出現無疑為企業的產品及服務的創新提供了新的契機。在瞬息萬變的行動網路時代，機遇轉瞬即逝。未來，激烈的市場競爭中企業要獲得領先優勢，就必須積極求變，切不可因為技術與能力的差距而停滯不前，企業要尋找一切可以利用的資源，在智慧製造主導的「工業 4.0」時代實現企業的跨越式發展。

第 3 章

機器人 X 工業：工業機器人產業的崛起

工業機器人：智慧製造的戰略途徑

工業機器人的發展現狀

　　金融危機過後，全球各個國家都進入了反思及調整階段。隨著行動網路、大數據以及物聯網等技術的不斷提升及交流碰撞，許多工業發達的國家開始將目光重新聚焦在了製造領域，並且在這一領域展開了積極的探索。

　　從長遠來看，工業機器人在生產活動中的大規模應用已經成為一種必然趨勢，導致這種趨勢的原因主要有三個：其一，是因為勞動力成本的上升導致人口紅利逐漸消失，用機器人代替勞動力可以有效降低勞動力成本；其二，這是高階精密智慧化製造方式發展的結果；其三，是為了將人類從繁重、重複並具有一定危險性的體力勞動中釋放出來。

　　工業機器人時代即將到來，而現在擺在我們面前的是：目前的市場基礎、商業模式、社會結構是否已經做好了充足的準備？機器人代替人類勞動力的趨勢將於什麼時候到來，又將於什麼時候結束？

　　從全球範圍來看，工業機器人的安裝數量出現了快速成長的趨勢。這一方面是因為在美國次貸危機引起的全球金融危機及歐洲主權債務危機之後，許多已開發國家從中吸取了經驗教訓，決定實施再工業化策略，確保製造業始終占領制高點；另一方面則是與各國工業機器人的市場需求日益高漲密不可分。

　　目前，全球各國對智慧製造均表現出了濃厚的興趣，並且開始摩拳擦掌，準備在這一領域做出一番成就。許多國家為了支持智慧製造的發展相繼發表各種政策。

　　近幾年全球範圍的製造業呈現出持續的疲軟狀態，再加上就業等社會因素的影響，使得各國的經濟壓力越來越大。

　　歐美日等已開發國家寄希望於依靠智慧製造的發展來幫助國家擺脫低迷的經濟形勢，穩固國家的經濟基礎，並牢牢掌控製造業的發展；開發中國家和地區則希望能借助智慧製造的發展調整國家的產業結構，實現各個產業的平衡發展，提升國家的綜合實力；老牌工業國德國則針對智慧製造的發展提出了「工業4.0」的代表性目標，而工業機器人是智慧製造的代表性裝備。

　　2014年全球工業機器人的安裝量達到了20.5萬臺，同比成長15.2%，重新整理了工業機器人安裝量的記錄。工業機器人數量的快速成長主要得益於汽車行業需求的持續上升。

全球的機器人產業表現出了強勁的發展勢頭，電子產品、自動化生產及各種新型產業的需求不斷上升。工業機器人開始廣泛應用於汽車、金屬、機械、電子、電機等領域。其中汽車行業所占的比重最大，占到 39.0%。

國家策略性新興產業的提出以及工業化、資訊化深度結合的不斷發展，使得智慧製造裝備領域備受矚目，為智慧製造的發展創造了良好的環境。同時，經濟的快速發展以及勞動力成本的上升，也為產業的轉型更新帶來了更多的壓力。因此，工業機器人作為智慧製造中的代表性裝備，將在產業的轉型更新中扮演著越來越重要的角色。

工業機器人崛起的因素

近年來隨著相關產業的發展，工業機器人不僅將應用服務拓展到了智慧，同時也逐漸滲透到了傳統市場，為傳統市場擺脫束縛創造了有利的條件。而在一般的產業領域，比如太陽能光電產業、食品製造工業、醫藥行業、動力電池製造業、冶金鑄造行業等，工業機器人也有較大的成長空間。

應用工業機器人的企業也顯示出了一些特徵，應用工業機器人比重較高的企業往往對產品的品質要求比較高，並在市場上有較高的影響力，可以為其他企業發揮榜樣的力量。比如，外商獨資或者是合資企業對自動化的程度要求比較

高，因此也就對工業機器人有比較大的需求。

在未來 10 至 20 年內，工業機器人的產業規模將實現持續成長，市場潛力將得到更大限度的開發。推動工業機器人產業發展的因素主要包括以下幾個方面：

（1）隨著經濟的穩步推進，國家開始加快工業結構轉型更新的腳步，透過相應的政策來予以支持。科學技術部從工業機器人的高附加關鍵功能部件出發，推動了經濟型工業機器人產品的產業化布局；工業和資訊產業部對以工業機器人為代表智慧製造採用了重要的扶持策略。

（2）工業機器人取代人力生產的批次產品品質更為穩定，而且生產效率也大大提高，未來企業在生產過程中將會對生產線提出更多的要求，而工業機器人的規模化發展能夠有效滿足企業的需求。

（3）在工業機器人的研究方面有比較深厚的理論基礎，經過 20 多年的發展已經形成了一批具有一定競爭力的研究機構及企業，並且已經基本掌握了機器人操作機的設計製造技術、控制系統硬體和軟體設計技術、運動學和軌跡規劃技術等，並利用這些技術基礎開發出了一系列的產品及零部件。

（4）工業機器人的應用範圍逐漸擴大，已經在工程機械、醫藥、冶金、軌道運輸、食品加工等行業實現了應用，未來還有更大的發展空間。

因此說，工業機器人時代的到來是一種大勢所趨。

　　未來工業機器人擁有比較廣闊的應用前景。產業結構調整步伐的不斷加快，使工業機器人的發展呈現了一個穩定成長的趨勢，並透過在汽車行業的應用逐漸拓寬了應用範圍。預計到 2017 年工業機器人的總產量能夠達到 23,620 臺，複合成長率在 25.2% 左右。

　　從行業結構的變化趨勢來看，未來汽車及電子行業仍然是應用工業機器人最多的領域，而其在航空製造、食品工業、醫藥裝置等領域的應用將逐漸增加。

工業機器人帶來的投資機會

隨著科學技術發展水準的不斷提高，機器人逐漸在人們生活中發揮著愈益重要的作用，在促進人們生活品質提高方面做出了重要貢獻，因此機器人產業已經成為世界各國新一輪的競爭焦點。世界上的很多國家紛紛將機器人產業的發展列入了國家的重點規劃。

比如，美國公布了其機器人發展路線報告，將機器人產業的發展放在重要的策略位置；歐盟開始實施全球最大民用機器人研發計劃──「SPARC」，計劃到 2020 年投資 28 億歐元，創造 24 萬個工作職位；日本為了推進機器人產業的發展，制定了機器人技術長期發展策略，並將機器人產業作為「新產業發展策略」中重點扶持的產業之一，推進機器人在製造業及生物產業等領域的應用。

未來機器人發展所帶來的是一幅光明的圖畫，企業應該及時抓住機器人產業發展的重點，積極追求創新突破，從而在機器人領域的競爭中形成自己的競爭優勢，促進機器人產業的發展，推動智慧社會的實現。

當前世界上工業機器人應用排行榜中最高的是日本，其應用比例達到了 33%；其次是美國的 16% 及德國的 14%。

　　保守猜想 2020 年工業機器人的使用密度為平均每 1 萬人 100 臺機器人，屆時工業機器人需求量將達到 30 萬臺，再加上與機器人配套的裝置，將會產生大約 3000 億元左右的巨大市場。

工業機器人的市場規模及風險

工業機器人產業的市場規模

　　作為智慧製造領域關鍵組成部分的機器人產業的發展，不僅能促進製造業自動化水準的提升，還能推動「工業 4.0」時代製造業的轉型更新。

　　當前，世界各國都在加快機器人產業布局，從而在智慧製造產業的科技競爭與人才競爭中獲得領先優勢。美國、日本、韓國等已開發國家均為發展機器人產業制定了長期的發展策略。基於行動網路的新一代智慧機器人的研發已經成為世界各國關注的焦點。

行業基本風險特徵

（1）總體經濟波動風險

　　工業機器人行業存在著一定的週期性特徵，它與國內及國際的經濟波動有較強的關聯性。汽車零部件、五金行

業、家電行業等製造型企業是工業機器人智慧產業中的主要客戶。當全球經濟呈現低迷狀態時，智慧產業需求大幅度縮水，直接影響了以工業機器人為主體的自動化生產線的建設，從而對機器人產業的發展造成負面影響。

（2）市場競爭風險

國內機器人產業中大部分是中小企業，沒有形成具有較強影響力的優勢品牌。工業機器人高階市場，長期被具有技術優勢及資金優勢的已開發國家的企業大廠占據。國內的機器人企業中，能為企業級客戶提供完全自動化解決方案的公司屈指可數。更為嚴峻的是，過度集中於產業鏈低階領域的機器人企業，陷入了惡性價格競爭的局面。

（3）人才流失風險

工業機器人產業的發展需要具備電腦技術、通訊技術、人機互動技術、感測技術等方面的頂尖技術人才。而且為了滿足企業開拓市場、了解使用者需求及管理客戶關係等方面的需求，還需要有具備豐富的專案管理經驗及行業經驗的市場行銷人才。

但機器人產業的優秀人才需要經過多年的培養，機器人產業真正在國內有所發展不過只有短短 10 多年的時間，人才的數量遠不能滿足當前的發展需求。未來隨著機器人產業的進一步發展，相關領域的人才將會成為企業競爭的重點，屆時企業面臨的人才流失風險將會大幅度增加。

工業機器人發展的趨勢與方向

趨勢：工業國家優先發展工業機器人產業

網際網路開始發力的 21 世紀，各國紛紛加快了以機器人產業為代表的智慧製造產業布局，許多已開發國家將機器人產業列入優先發展行列。每年整個歐洲工業的投資可達到 1400 億歐元，這使得其工業機器人與醫療機器人領域在全球範圍內建立了巨大的領先優勢。美國在「先進製造業夥伴計劃」中，明確表示要投入 28 億美元用於對基於行動網路技術的新型機器人的研究。

2012 年 10 月，韓國政府在釋出的「機器人未來策略展望 2022」中表示，要加快韓國機器人產業的發展程式，推進韓國機器人對外出口，從而建立強大的品牌優勢。日本制定了機器人產業長期發展策略，預計到 2020 年使日本製造業領域的機器人產業規模翻一番，非製造業領域的市場規模擴大至 20 倍。

雖然全球範圍內的機器人產業發展十分火熱，但是機器人研發領域同樣面對著諸多技術難題，在機器人與生命組織的融合及機器人自我維護等方面尚待突破，短時間內要解決這些技術瓶頸，僅憑一個或幾個國家的努力是不夠的，只有透過全球範圍內的通力合作才能實現機器人產業的跨越式發展。

當前，由工業機器人主導的全球機器人產業要達成工業智慧化的目標，就必須使機器人產業實現數位化、網路化、智慧化。機器人將不再只是透過裝備的自動化及標準化來取代人類的體力勞動，它將透過模擬人腦的智慧化來完成對人類腦力活動的取代。可以預見的是，未來服務型的機器人將會在人類的生活及工作中獲得廣泛應用。

發展方向：機器人需向高階突破

目前，汽車製造產業是機器人應用最廣，也是最成熟的領域。國際機器人聯合會（IFR）主席 —— 阿圖羅‧巴榮塞利（Arturo Baroncelli）表示，未來汽車製造產業的機器人應用還將進一步發展。

除了汽車製造產業以外，機器人產業在其他領域也將得到廣泛應用，衛浴、陶瓷等行業由於人工成本上升、工作環境較差導致的招人難問題日益突顯，機器人在這一領域廣泛應用成為一種必然的發展趨勢；通訊電子、化工等行業的一線工廠對人的身體有不利的影響，機器人的優勢在這一領域將完美展現。

展望：產業發展勢在必行

對於眾多的中小製造企業來說，全面引入工業機器人則意味著要投入海量的資金，這對於流動資金缺乏的它們無疑是一項巨大的挑戰。

日本工業機器人的發展歷程

日本工業機器人的發展階段

　　從 1954 年喬治・德沃爾（George Devol）最早提出工業機器人的概念至今，經過長達 60 多年的發展，機器人技術取得了一系列的突破，而且其應用範圍也有了大幅度的提升。機器人產業在專注於技術創新的日本獲得了長足的發展，全球工業機器人品牌排行榜前 10 中，就有 5 家來自日本，日本已經成為當前世界上最大的工業機器人生產國。

日本工業機器人的發展歷程及分析

　　日本的工業機器人發展歷程主要歷經以下 4 個階段：

（1）初步發展階段（1967 至 1970 年）

　　1967 年，川崎重工業公司從世界第一家機器人企業美國 Unimation 公司中引入了機器人及其相關技術，並由此建立了生產工廠，次年成功研製出第一臺川崎工業機器人。20 世紀 60 年代末，日本經濟年成長率高達 11%，而日本的勞動力遠

無法滿足經濟快速發展的需求，工業機器人的出現則有效解決了這一問題。

（2）爆發式成長階段（1970 至 1980 年）

短暫的初步發展期過後，日本的工業機器人產業迎來了爆發式成長期。據業內統計機構釋出的數據表明，1970 年日本的工業機器人年產量約為 1,350 臺，而 10 年之後的 1980 年這一數字成長至 19,843 臺，年均成長率高達 30% 以上。

（3）普及提高階段（1980 至 1990 年）

在日本政府的大力推動下，從 1980 年開始，工業機器人在日本開始進入普及階段，並將機器人推廣至各個領域。1982 年的日本機器人年產量已經成長至 24,782 臺，高級機器人持有量約占世界總量的 56%，而美國當時的高級機器人數量僅為日本的 1/5。20 世紀 80 年代中期的日本已經成為名副其實的「機器人王國」，機器人的持有量已經達到 10 萬臺以上。

此階段日本生產的工業機器人主要用於滿足國內企業的需求，處於經濟快速成長期的日本勞動力嚴重不足，而且勞動力成本也顯著提升。為了解決這一問題，日本政府透過推出一系列的政策來引導機器人產業的發展，而企業則進一步加大在工業機器人方面的研發投入。

在這個過程中，工業機器人的大量應用有效解決了勞動

力缺乏的問題，大幅度降低了生產成本，使勞動生產率及產品品質得到有效提升，為日本經濟崛起奠定了良好的基礎。

（4）平穩成長階段（1990 年至今）

　　1990 年後的日本，工業機器人數量開始進入穩定成長期。此時機器人市場需求結構發生了變化，日本國內的工業機器人市場趨於飽和，在政府的引導下，日本機器製造商開始積極開拓海外市場。到了 2012 年，日本國內市場的機器人銷售額僅占全年總銷售額的 30%，大量的日本工業機器人開始遠銷海外，其中亞洲地區成為日本工業機器人最大的海外市場。

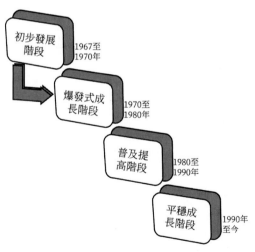

圖 3-2 日本工業機器人的發展歷程

　　日本的工業機器人持有量現居世界第一，早在 2012 年日本的工業機器人持有量就已經達到 31 萬臺，約占全球總機器人持有量的 30%。從日本機器人協會釋出的數據來看，2012年日本工業機器人訂單總規模達到 43 億美元以上，其中出口額約為 30 億美元，約占全年總銷售額的 70%。

　　勞動力資源不足、產業需求結構的調整及政府政策的積極引導，使日本的機器人產業經歷了長達 20 年之久的黃金發展時期，無論是機器人技術，還是機器人產業發展規模，日本都處於國際頂尖水準。機器人技術雖然起源於美國，但是機器人產業卻在日本發展壯大，這與日本當時的經濟高速發展、勞動力不足、人力成本的大幅度上漲及政府政策的積極引導有著密切的連繫。

　　國民經濟快速發展的局面下，勞動力成長率僅為 0.7% 的日本，經濟發展受到嚴重的限制，再加上產業結構的調整及人工成本的提高，使越來越多的日本企業選擇了高效率低成本的工業機器人。

　　第二次世界大戰以後，在美國的扶持下，日本的製造業迎來了快速發展期。1973 年爆發了第一次石油危機，受到能源價格上升及人工成本上升困擾的日本企業，迫切需要自動化、低成本的工業機器人。正是機器人產業的快速發展，使得日本的勞動力問題得到了有效緩解，為眾多的日本企業提

供了一條快速發展之路。

　　而政府的政策引導為日本機器人產業提供了良好的發展平臺。從 1970 年以來，日本政府透過一系列工業機器人政策，尤其是針對中小企業的扶持政策，使得從事機器人生產的日本企業大受鼓舞，更多的人才不斷湧入到機器人技術的創新之中，為日本機器人產業的發展注入了源源不斷的活力。

日本工業機器人發展的啟示

　　日本機器人產業的巨大成功，有以下幾個方面的經驗值得我們學習。

圖 3-3 日本機器人產業成功的 3 個主要原因

（1）良好的市場環境

　　縱觀日本機器人產業的發展歷程，勞動力資源不足及國民經濟的快速發展，為機器人產業的發展提供了廣闊的市場前景，從而有效推動了日本機器人產業的快速發展。

（2）政府的政策支持

　　從 1971 年日本頒布《機電法》以來，日本政府針對機器人產業的不同發展階段制定了相應的扶持政策，在機器人技術的研發創新、企業的融資及海外市場的拓展方面都給予了大量的支持。

（3）良好的研發環境

　　日本機器人產業的快速發展解決了勞動力資源不足的問題，雖然機器人初始研發成本很高，但是從長期看來卻能使企業有效地控制生產成本，產品根本性的提升帶動了品牌溢價的成長，更為關鍵的是眾多的日本企業透過轉讓專利技術獲得了巨額的收益。在日本機器人產業的蓬勃發展中，許多與機器人相關的人才贏得了社會的普遍認可，從而為日本機器人技術的研發提供了良好的社會氛圍。

　　為了在未來全球機器人市場中獲得領先優勢，國內企業一方面需要與研究機構及大學深度合作引入相關人才，另一方面提升自己在機器人核心零部件領域的研發投入，注重提升產品品質，從而形成有強大影響力的機器人品牌。

　　經濟全球化的時代背景下，海外跨國集團的擴張將會使工業機器人市場競爭越發激烈。為了適應國際社會的發展需求，提升製造業的核心競爭力，必須加快機器人產業布局。

機器換人：從人口紅利到機器人紅利

工業機器人「代替人」何時能實現

工業機器人「代替人」已經是一種必然的趨勢，那麼何時才能真正實現？

當前，各種技術革新、資本流動等瞬息萬變，在一項新技術或一個創業者就可以顛覆整個世界的時代，整個工業生產處在了一種極端複雜的環境中，這也就使得對工業機器人普及時間的預測變得異常困難。但是我們可以另闢蹊徑，從世界上工業機器人強國入手進行分析，並結合當前機器人的發展現狀，對工業機器人的普及時間進行粗略的測算。

機器人密度是衡量一個國家工業機器人普及率及自動化發展水準的重要標準。國際機器人聯合會（IFR）公布數據稱，平均每萬名員工將對應機器人臺數在韓國、日本、德國和美國分別為 437 臺、323 臺、282 臺和 152 臺。

美國於 20 世紀 60 年代就已經成功研製了第一臺工業機器人，並被迅速應用在了汽車工業領域。美國工業機器人能夠發

展起來要得益於自由市場經濟的有利條件。與其他國家相比，美國政府的干預比較少，因此機器人密度要低於日韓和德國。

第二次世界大戰後，在勞動力匱乏及勞動力成本上升的背景下，日本為了能夠積極促進經濟復甦，開始重視引進國外的先進技術，同時政府也發表了相關的扶持政策，促進了工業機器人產業的發展。日本政府為機器人製造商提供補貼，從而降低工業機器人製造的風險，激發了機器人製造商的工作熱情。而且使用者購買及使用機器人也可以獲得政府的補貼，用得越多，補貼就越多。

相對於前兩個國家，韓國的工業機器人產業起步較晚，在20世紀80年代末開始全面發力，在政府的資助和引導下，由現代重工集團做先導，透過10年的時間建立了自己的工業機器人體系，目前韓國在工業機器人領域已經躋身世界前列，機器人的生產能力位列日本、美國和德國之後，其機器人密度已經處於世界領先水準。

「機器換人」大勢所趨，人工何去何從

隨著勞動力成本的上升，勞動密集、附加產值低的商業模式難以為繼，企業極需一種新的方式來擺脫窘境，於是企業就將變革的重點聚焦在了機器人身上。近幾年製造業環境的日益嚴峻，反而為工業機器人的發展提供了一個良好的契機。

在機器人被炒得熱火朝天的時候，一股「機器人換人」風潮也愈演愈烈。有人認為機器人開始和人搶飯碗了，未來體力勞工的生存空間將進一步被壓榨。面對即將到來的機器人產業 2.0 時代，一些人甚至陷入了茫然和惶恐之中。

「機器換人」是大勢所趨

人工服務的機械化，讓人們對機器人服務產生了更多的憧憬。在以前，選擇「機器換人」的方式主要出於以下三個方面的原因。

人做不了的工作，由特種機器人來替代完成。

人做不好的工作，比如汽車等高階領域，機器人會做得更好、更精密。

人不想做的工作，比如一般製造業中重複性的體力勞動，可以由機器人替代。

這時候的企業處在一種被動選擇的地位。

而今隨著科技發展水準及機械化能力的不斷提升，更多的企業開始擁有了主動選擇的權利。他們可以主動選擇用成本更低、效率更高的機器人替換成本逐漸上升的人力。因此未來越來越多的企業出於對自身的利益考慮或者受國家大環境的影響，會逐漸走向更高效和規範化的機器化生產道路。

企業降本增效選擇「機器換人」

儘管在幾年前，「機器換人」的概念就已經被提出，但是將其付諸實踐的企業卻是寥寥無幾。其中主要有兩個方面的原因：一是受機器人發展技術的限制，機器人難以滿足企業的生產需求；二是企業缺乏必要的資金。

事實上，很多企業對「機器換人」的計畫都是比較感興趣的，但是在將其轉化為實際行動的時候，對收效產生了過高的心理預期。如果一年就能夠收回成本，企業就會非常樂意實施這項計劃；而如果兩年才能成本，那他們可能會考慮一番；而如果三年才能收回成本，那麼很多企業就會選擇放棄。正因為企業缺乏長遠的策略目光，才導致很多「機器換人」專案都一一落空，這與企業自身的經濟實力有很大的關係。

但是隨著經濟的發展，人力成本也在不斷上升，許多企業已經意識到了這一點，並開始著手實施「機器換人」策略。

「機器換人」敲響人工警鐘

「機器換人」的浪潮即將洶湧而至，許多人認為這是機器來搶人的飯碗了。事實上並非如此，我們應該辯證地看待這一問題。

首先，需要肯定的是，機器換人之後並不代表企業不需要人了，而是企業需要具備更高能力及價值的人，比如技術型的工程師等專業性的人才。對於這些專業人才，不管是國家、政府還是企業都將積極落實其培養計劃，為專業性人才的成長提供重要的支持。

任何事物都有兩面性，「機器換人」在帶來各種好處的同時，也為一些勞工帶來了實在的危機感。尤其是對於一些缺乏技術比重的工作職位，當人力操作逐漸接近極限值的時候，「機器換人」就成為一種必然。如果人工想不被替換掉，唯一的方式就是能夠在職位充分發揮自己的主觀能動性，創造更多價值。

比如，網際網路時代存在的人工客服，他們可以在客戶及企業之間搭建良好的溝通橋梁，並運用自身的靈活性及變通性增強客戶對企業的黏性，展現他們個人的價值，這不是機器人能夠完全取代的職位。

「機器換人」的浪潮正在逐漸向人們逼近，在這場「飯碗爭奪戰」中，如果你想成為贏家，發揮超越機器人機械能力的價值，就應該及時為自己敲醒警鐘，要麼用智慧和能力來武裝自己，成為機器的操縱者；要麼改變自己的心態，用更加真誠以人性化的服務來打動客戶，發揮人類自身的智慧及靈性。而如果不懂得變通，只單純依靠體力勞動來實現自身價值，那麼等待你的終將是被取代的命運。

第4章

機器人 X 教育：教育領域的機器人革命

教育機器人的新興應用方法

機器人教育的幾個類型

目前，機器人市場呈現了爆發式成長，各種形態的產品層出不窮，不勝列舉，既有應用於生產生活領域的機器人，也有應用於安防服務領域的機器人，同樣也有應用於娛樂教育領域的機器人……

隨著機器人技術發展水準的提升，機器人已經開始擺脫過去那種龐大、笨重、簡單機械化的形象，逐漸演變成一種高智慧、外形生動的電子產品，並開始在教育領域扮演著越來越重要的角色。

然而，關於機器人在教育領域的普及應用，人們仍然存在很多疑惑。比如，在課堂中應用的機器人是我們平時在電影中看到的機器人型象嗎？機器人教育是將機器人當作課本嗎？機器人教育就是學習程式設計嗎？機器人教育作為一個「新起之秀」，存在問題和疑惑是理所當然的，未來我們應該在實踐中不斷解決各種各洋的問題，促進機器人教育的健康成長。

　　機器人的發明、研究及應用，目的就是為了滿足科學研究及社會生產的需要，而在教育領域是其應用領域的延伸和擴展。機器人作為智慧的結晶，融合了技術的綜合性和知識的廣泛性，本身就具有重要的教育價值。根據有關專家對機器人教育的研究和實踐，機器人按照應用類型的不同，可以分為 5 種類型。

圖 4-1 機器人教育的 5 種類型

機器人領域教學（Robot-Subject Instruction，RSI）

　　所謂的機器人領域教學，是指將機器人學當作一門學科，並以專門課程的形式出現在教育領域中，讓學生可以從課堂中學到有關機器人學的基本知識及基本技能。具體的教學目標如下所示。

（1）知識目標：在課堂中，向學生傳授有關機器人軟體工程、硬體結構、功能與應用等方面的基本知識。

（2）技能目標：讓學生學會基本的機器人程式設計和編寫，並能獨立組裝多種實用性的機器人，可以使用及維護機器人和智慧家電，能夠自主開發控制機器人的軟體。

（3）情感目標：培養學生對人工智慧技術的興趣，引導他們在這一條道路上能夠實現更長遠發展，深刻認識到智慧機器人發展對經濟社會發展的重要價值。

將機器人教育變成一種領域課程，對學校的師資、器材、教學場地及教學經驗等提出了更高的要求，這一目標的實現離不開政府和企業的大力支持。

機器人輔助教學（Robot-Assisted Instruction，RAI）

機器人輔助教學是指將機器人作為一種主要的教學媒體和工具應用於師生間的教學活動。與這一概念相似的還有機器人輔助訓練（Robot—Assisted Training，RAT），機器人輔助學習（Robot-Assisted Learning，RAL），機器人輔助教育（Robot-Assisted Education，RAE），以及基於機器人的教育（Robot-Based Education，RBE）。

與機器人領域教學相比，在機器人輔助教學中，機器人並不是教學的主體，而是充當一種輔助工具，並發揮普通教具所沒有的智慧性功能。

機器人管理教學（Robot-Managed Instruction，RMI）

在這種類型中，機器人發揮的是一種輔助管理的功能，並在課堂教學、財務管理、人事管理、裝置管理等教學管理活動中扮演計劃者、組織者、協調者及指揮者的角色。在教學管理活動中應用機器人可以充分發揮機器人自動化以及智慧化的特徵，改變組織管理形式，提高組織管理效率。

機器人代理（師生）事務（Robot-Represented Routine，RRR）

機器人作為一種智慧電子產品，可以取代人的部分功能，幫助師生處理課堂教學以外的事務，比如，使用機器人可以完成借書、做筆記、訂餐等事務。使用機器人代理事務，可以幫助師生節省更多的時間，從而將更多的精力放在學習上，提高學習的效率及品質。

機器人主持教學（Robot-Directed Instruction，RDI）

機器人主持教學代表了機器人在教育領域應用的最高層次，在這種機器人教育類型中，機器人不再扮演配角，而是真正掌握了教學組織、管理的主動權。在過去，讓機器人成為我們學習的對象或許是天方夜譚，而今隨著人工智慧、虛擬實境技術及多媒體技術的發展，這一設想變成了可能，未來機器人需要朝著更這應教育發展要求的方向發展才是機器人教育的關鍵。

從機器人進入教育的五種應用類型可以看出，機器人的很多功能是相互支撐、相互關聯及相互融合的關係，不能將這些功能完全割裂開來，而是將其視為一個整體，這些功能的結合為機器人教育增加了更豐富的內容。

機器人教育面臨的問題

　　機器人作為一種創新的教育平臺，在眾人的期待中開始全速進軍基礎教育領域。許多中小學為了積極響應機器人教育的發展，紛紛成立了機器人實驗室，並將其當作一門基礎性的課程，當機器人逐漸在中小學教育中廣泛應用的同時，其暴露出來的問題也越來越嚴重。

　　競賽活動商業化嚴重，機器人教育發展方向發生了偏離。

　　一方面，由於機器人一般是以競賽的形式走進中小學教育中的，而組織競賽的單位通常是某些機器人製造商，教育行政部門缺乏對競賽的有效監督和管理，使得競賽在規則、裁判及獎勵辦法等方面存在巨大的差異。有的商家為了能夠獨享利潤，甚至採用不當競爭、人為透過競賽規則的方法來限制其他商家的產品，給選手的比賽造成了較大的局限，影響了他們正常實力的發揮。

　　另一方面，競賽的功利化思想及缺乏成熟的比賽管理方法，導致比賽更多地傾向於「表演」，將學生在課餘時間對

比賽的準備程度及機器本身的軟、硬體裝備等作為衡量學生比賽成績的一項指標，影響了競賽的即時性及激烈程度，失去了競賽本身的價值內涵，同時這種「投機取巧式」的賽前準備也限制了對學生創新能力的開發和培養。

因此，在競賽中加入過多的商業化運作元素，容易導致機器人教育發展方向的偏離，同時也容易給機器人的廣泛普及應用造成極大的負面影響。

資金櫃乏，實施機器人教育缺乏足夠的配套設施

機器人的價格比較昂貴，通常單機的價格在萬元以上，而且各種主機模組、感測器等配件的價格也不低，如果少數人組隊參加比賽，就容易面臨沉重的資金壓力，更何況實現機器人普及了。

對於教學機器人來說，結構相對比較簡單，可開發空間有限，因此其造價是可以下降的。如果能夠對機器人市場進行合理分析及運作的話，就可以在普及教學機器人的同時，獲得一定的利潤。

不過由於市場上存在的惡性競爭及商家的一些短期行為，給基礎教育在機器人的採購方面造成了很多的失誤，導致大量的機器人實驗室在各地拔地而起，但是相關的配套設施卻沒有跟上，實驗室如同擺設，沒有發揮真正的價值。

缺乏教育研究成果，教學活動隨意性強

機器人初入課堂或者參與領域整合，經驗匱乏，在相關方面的教育研究成果也比較少。而且機器人教育走進課堂，對於中小學教師來說也是件新鮮事，由於沒有任何前人的經驗可以借鑑，也就缺乏完整的有關機器人教育的課程內容、教學方法及學業檢測等，這就給機器人教育帶來了很多的困難。

儘管在高中階段的資訊科技新課程標準中增加了人工智慧的部分內容，但是由於重理論輕實踐的事實，使得機器人教育的教學效果比較差。在尚中通用技術課程標準中增加了簡易機器人選修課，但是由於受到課程地位及課時的限制，也沒有獲得預期的教學效果。

有些經濟比較發達、教育水準比較高的地區將機器人教育當作一種地方課程或校本課程，但是教學內容及活動具有較強的隨意性，缺乏有效的規範和管理，因此收效甚微。

機器人教育發展的趨勢

儘管機器人在基礎教育領域的發展處處碰壁，但是不可否認的是，機器人教育具有非常旺盛的生命力，而且其趣味性、創新性及可操作的特點也決定了其必將在未來大放異彩。機器人教育未來在基礎教育領域可能會有以下幾種發展趨勢。

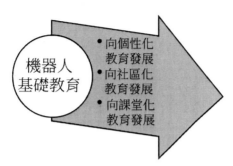

圖 4-2 機器人基礎教育發展的三大趨勢

向個性化教育發展

隨著人們對教育的日漸重視及各種電子產品的普及應用，類似於掌上英語學習機一樣的電子產品在學生中間掀起了一股普及熱潮，這種電子產品在教學中確實發揮了重要的價值，而且其在內容方面也正朝著領域多元化的方向發展，在更新方式上開始逐漸向網路看齊。

教育機器人同樣可以複製這樣一個發展過程，憑藉其智慧化、小型化的優勢作為發展個性化教育的主力。隨著教育機器人產量的增大和價格的降低，教育機器人也可以面向個人實現普及應用，從而推動個性化教育的變革。

向社群化教育發展

與其他教育不同的是，機器人教育可以走向社群化。書畫培訓、音樂培訓等就是比較成熟的社群教育，而機器人教

育活動中團隊作戰、持續投資及機型豐富等特徵決定了機器人教育社群化的可能性。在商家及社會團體的組織和支持下，機器人社群教育不僅在時間上更充足，活動形式上更靈活，同時還有充足的資金來保證組織活動的正常運作，這對於機器人教育的發展來說具有非凡的意義。

向課堂化教育發展

　　課外活動小組主要是針對小部分學生的一種活動形式，雖然對於部分學生的特長教育具有重要的作用，但是卻難以保證課外活動的公平性、系統性及普及性。機器人教育作為一種新事物，課外活動小組可以發揮良好的引導作用，培養學生對機器人的興趣，如果在進行了這時的引導之後沒有將其推向領域課程發展方向，那麼其教育理論及教育方法的形成和成熟將是一個極度漫長的過程。

　　隨著新課程的實施，機器人教育走進課堂已經成為必然的趨勢，在機器人教育朝著課堂教育發展的過程中，還應該做好教材設計及教學研討等工作，這將是一個需要持續發展和革新的過程。

　　機器人教育的創新性、實踐性及發展性的特徵，對於學生的技能教育及科學社會化具有重要的驅動價值。未來，期待它能有更多精彩的表現，讓整個教育教學領域煥然一新。

兒童機器人：「機器人＋教育」的新藍海

以前，智慧機器人只存在於電影中，如今，人工智慧技術的水準不斷提高，現實生活中也時常能夠看到機器人的身影。當下的市場上出現了很多針對兒童的機器人產品，而眾多機器人企業都將目光投向兒童市場的原因有兩個：一是兒童更容易接受新事物；二是相對於成人來說，兒童所需的機器人無須具備多麼高階的功能，他們的需求更容易得到滿足，只要能夠獨立完成某些操作任務的機器人就可以，而且不容易受外觀形態的限制。

因此，許多群眾募資平臺上都出現了一些針對兒童市場開發的機器人專案。然而，與其他類型的機器人產品相比，兒童機器人只能吸引極少數的人參與其群眾募資專案。因為大部分使用者認為，平臺上出現的這些機器人不可能像 Pepper 機器人那樣掀起搶購風潮，其發展前景也無法相提並論，所以，多數兒童機器人的群眾募資並不成功，它們只能在無人關注的情況下鎩羽而歸。

那麼，以兒童市場為目標的機器人領域能否成為下一片藍海呢？

為了研究針對兒童市場開發的機器人究竟有多大的發展潛力，在這裡，筆者重點列出了以下幾個方面，並依次進行了分析。

使用者

使用者對產品市場發展情況的影響，主要展現在使用者需求與產品提供的服務是否匹配、產品針對的目標使用者的數量及其購買能力，這些因素會對產品後期的生產規模產生很大影響。

痛點

所謂痛點，指的就是目標使用者的需求。當智慧硬體產品在使用者群方面的定位明確之後，接下來要做的就是找到消費者的核心需求。接下來，我們分析一下智慧機器人能否成功找到痛點。

就當前來說，兒童機器人的陪伴與教育功能是使用者比較看重的。

在市場上銷售狀況比較好的早教類智慧產品與故事機，則是為了滿足使用者對孩子的教育需求。這一類型的機器人大致可以分為三種：早教類、程式設計類及陪伴類智慧機器人。西方國家研發的 Nao 機器人可以用來幫助兒童進行語言學習 Wonder Dash&Dot 則能夠輔導孩子學習程式設計。

總而言之，無論是教育型機器人，還是陪伴型機器人，都會在一定程度上改變人們當前所處的家庭環境。

技術

技術方層面的分析主要是透過了解兒童機器人的技術水準來評估其發展前景。

在這裡，我們首先需要明確機器人的定義。機器人不是簡單的機器安裝，它能夠獨立完成任務，不僅能夠在人類操控之下行動，還能按照提前編排的程式執行命令，而且，能夠在人工智慧的基礎上去進行一系列操作，人工智慧則涉及思維的運作。簡單來說，機器人必需能夠獨立思考與判斷。因而，市場上很多冠之以「機器人」名字的產品只是藉此來吸引更多的注意。

通常情況下，消費級的智慧產品並不需要很高的技術研發水準。雖然 Google 推出的智慧機器人在研發過程中應用了很多複雜的演算法，但就當前來說，這樣的機器人並不能進行大規模的普及。從某種程度上來說，大多數的消費級機器人是透過整合而非獨立研發完成的。不過，這些機器人在推廣過程中存在的缺陷還需不斷克服。

（1）互動能力有限

在機器人開發過程中，要充分考慮它的目標使用者，並對使用者群身處的環境及他們當前使用的產品進行分析，明確機器人是否具備這些產品的功能。

互動方式與產品本身提供的內容能夠直接影響其教育的功能，然而，目前市場上的多數機器人在互動能力方面都還有待開發。雖然科大訊飛的語音技術廣受好評，但若直接將這種簡單的語音技術移植到兒童機器人中，是無法滿足孩子的交流需求的，因為他們的語音互動方案能夠使用的場景是有限的，若要進一步滿足市場需求，開發商還要在原有的基礎上進行深入的分析與改進。

　　此外，開發商還要透過研究機器人的自動控制功能，使其在動作上具備更多的互動性。若成人都無法與機器人進行順利的溝通，兒童的需求就更無法實現。還有很多機器人在行銷過程中不斷強調其陪伴功能，其實，這些產品只是能夠講故事而已，根本不具備互動性。

（2）自我學習能力有限

　　機器人的自我學習能力水準能夠對其發展前景產生非常重要的影響，但市面上的大多數機器人都在這方面存在缺陷。傑出的兒童機器人不僅需要滿足與孩子之間的情感交流，還應該具備自我學習能力。

　　語音交流是人類與機器人之間最早能夠實現的溝通手段，蘋果手機的 Siri 語音功能恰好可以證實這一觀點。但我們需要明確的一點是，語音交流技術的開發應該以語義理解水準的提高為核心，僅僅能夠辨識語音是不夠的。為此，開

發商需要為機器人裝置容量龐大的語料系統，但種類繁多的語言使這個任務更加難以實現。不過，Nao 機器人與日本的 ASIMO 機器人已經在這方面取得了進步。

（3）孩子與父母的需求之間存在差異

有的產品雖然被父母看好，但孩子不感興趣，或者孩子想買，但父母認為沒有必要，這個問題也會影響到兒童機器人的發展前景。

有人可能會認為，兒童機器人的技術比重比不上其他類型的機器人，比如，掃地機器人可以清理地板，足球機器人擁有快速的反應能力，但其實不然，因為兒童機器人要滿足孩子的心理需求，機器人的外觀及其一舉一動都要在深入研究兒童心理的基礎上才有可能實現，所以，其難度也非常大。兒童對於事物的喜惡是簡單明瞭的，若某款機器人沒能在第一時間吸引孩子的目光，那這個孩子通常就不會再選擇它。

如何做一款成功的兒童機器人

上文闡述了影響兒童機器人發展前景的一些因素，那麼，怎樣才能做一款成功的兒童機器人呢？

（1）使自己的機器人產品具備核心技術，筆者認為，那些具備較強語音互動功能或者其他智慧技術的機器人更容易獲得消費者青睞。

（2）能夠滿足兒童的心理需求，產品本身能夠提供高品質的內容，有益於兒童成長教育的機器人更容易成功。

（3）擁有豐富的發行管道，能夠為兒童提供全方位、新穎體驗的機器人產品容易成功。

綜上所述，按照當前的發展狀況來說，針對兒童研發的機器人產品固然擁有較大的發展潛力，但還存在很多限制性因素，只有不斷完善才能縮短它們與消費級產品之間的距離。不過，若在兒童機器人的研發領域中投入更多的資金，就會大大提高其發展速度，也許會在不久的將來能夠取得更大的突破與進展。

教育機器人的角色定位

機器人在教育領域的角色定位

透過智慧程式控制,自動完成各種複雜任務的智慧機器人有著十分廣闊的應用前景。經過幾十年的發展,機器人從最初的以汽車製造為代表的工業領域已經擴展至醫療衛生、國防軍事、農業、娛樂、教育等多個領域。

機器人在教育領域有著廣泛的應用,它主要有三個方面的特點:首先,它迎合了教學這用的相關需求,具備良好的教學這用性;其次,它有著較高的 CP 值,特定的市場定位決定其價格比較合理;再次,它具有開放性及可拓展性,機器人能夠根據使用者的不同需求,新增或刪減服務模組,充分滿足使用者的多元化及差異化需求;最後,它具備良好的人機互動性,能讓使用者獲得良好體驗。

從某種程度上說,教育機器人是一種典型的益智產品,不同層次的使用者都能透過教育機器人得到豐富、個性的教育,從而讓人們在輕鬆愉快的氛圍中開發自己的智力。

教育機器人作為家庭的益智玩具

（1）作為幼教工具

　　人們生來就在不斷學習，孩子們在玩耍中不斷地探索未知的世界，玩具能夠直接影響他們的性格特點及興趣愛好。將教育機器人作為開發兒童智力的玩具，能夠讓他們在智慧機器人創造的更加複雜的探索實踐中，快速高效地提升智力水準。

　　目前，以點讀機、學習機為代表的傳統幼教工具只能與孩子進行有限的交流，而且他們無法對這些工具進行改動，只能重複機械地使用有限的功能。而教育機器人卻具備良好的互動性，能夠與孩子進行多種形式的交流互動，從而有效激發他們的學習積極性。

　　教育機器人在幼教領域的應用中，具有以下幾種優勢。

　　幫助孩子獲取知識。

　　培養孩子的創新能力。比如樂高公司推出的 Lego Mind-storms（樂高機器人），它能夠像傳統的樂高積木一樣讓孩子們自由發揮想像力，組裝出各種模型，並讓這些模型可以真正動起來。

　　陪伴孩子的成長。許多獨生子女小時候缺少可以一起玩耍的小夥伴，無法培養他們團結合作、助人為樂的優良品質，不利於孩子們的身心健康。而教育機器人可以成為孩子

們形影不離的「小夥伴」，從而幫助孩子健康快樂的成長。這類教育機器人有 SONY 研發的「AIBO 機器狗」，韓國機器人公司 Dasatech 公司研發的 Genibo 機器狗智慧機器人等。

（2）作為成人的玩具

教育機器人也是成人拓展自己思維的重要工具。美國時代雜誌的記者在採訪 Google 公司的兩位創始人謝爾蓋·布林（Sergey Brin）與賴利·佩奇（Larry Page）時，發現在會議室中竟然堆滿了樂高積木。記者在詢問後得知原來這兩位創始人都是樂高機器人的忠實愛好者。賴利·佩奇向記者表示，小時候他曾經利用樂高積木「建造」了一臺列印機，這給予了他在面對困難時不斷奮鬥的信心及勇氣。

在接受這位記者的採訪時，賴利·佩奇正在用樂高機器人搭建一個小型樓梯，謝爾蓋·布林在用樂高機器人搭建一個核能發電站，樂高機器人正是這兩位創始人獲得靈感的泉源。

教育機器人作為學校課外活動的載體

雖然傳統教育是促進人們對知識擁有概念性理解的主要方式，但課外生活中的非正式教育同樣是影響人們學習科學知識的關鍵所在。尤其是豐富多彩的課外活動不會受到教學計劃及學校圍牆的限制，更加開放、自由。而作為課外活動有效載體的教育機器人，不但能夠讓學生們的課外活動變得更具科學性

及趣味性，還能培養他們的團隊合作能力及應變能力。

　　以教育機器人為載體的課外活動包括：以興趣小組完成對具有某種功能的機器人設計組裝；以足球機器人競賽、機器人智慧搬運競賽、機器人舞蹈比賽為代表的各種形式的機器人競賽等。

　　這些課外活動對培養學生的創新意識及實踐能力具有極大幫助，學生們在這些活動中可以深入學習電腦程式設計、模型設計、人機互動等各種科學知識，從而使他們不斷地將自己生活中的靈感及創意透過這些課外活動得到實現，最終挖掘出自己的最大潛能。

教育機器人作為基礎教育課程教學的載體

　　機器人技術是一門涉及多個領域的綜合技術，它成為 21 世紀各個國家之間競爭的尖端科技，機器人產業中擁有目前最為綜合、最為複雜的技術平臺。而教育機器人在基礎教育課程教學中的廣泛應用，將會為中小學的資訊科技課程帶來巨大的生機與活力，最終教育機器人將發展成為提升中小學生綜合實踐能力與創新能力的優秀平臺。

　　可以確定的是，智慧技術將是資訊科技領域的下一個重點，智慧機器人的研究涉及感測技術、電腦技術、虛擬實境技術、控制技術，是普及資訊科技的有效工具。

機器人在教育領域的應用

一般說來，機器人教育是指掌握與機器人相關的基礎知識及技能，或者是透過運用教育機器人來提升教育教學品質。

如何在科學技術快速發展的 21 世紀透過將數位資訊科技融入傳統幼教方式之中，從而藉助科學有效的手段實現對兒童的數位化啟蒙，關係到兒童的成長，也關係到國家核心競爭力，兒童教育將是一場輸不起的戰爭。

事實上，在科技發達的國家，機器人教育受到了廣泛的關注。1994 年麻省理工學院開設了「設計及建造樂高機器人」課程，意在透過強化學生的設計能力及創造能力，並實現機器人教育與理論實驗之間的有效融合；成立於 1980 年的麻省理工學院媒體實驗室「終生幼兒園」專案組研發出了多種形式的教學工具，並透過與樂高公司的合作，成功將這些產品實現商業化，命名為「腦力激盪」（Mindstorms）的一款產品就是其中的經典之作。

2006 年 6 月，樂高集團旗下樂高教育與新加坡國立教育學院合作共同在新加坡舉辦了首屆「亞太 ROBO-LAB 國際教育研討會」，會議中透過專題報告、產品展示等多種形式，就機器人教育及其在其他領域的廣泛應用進行了深入的交流，有效提升了教育界人士學習機器人教育相關理論及應用的積極性。

機器人教學

事實上，即使是在已開發國家，教育機器人在中小學教育中的應用也仍處在初期發展階段。

一般的做法是：學校購買一些與機器人相關的教材，然後由掌握相關知識的老師挑選對機器人感興趣的學生組成興趣小組，並對這些學生進行指導，然後透過組織這些學生參加各種形式的機器人競賽，從而提升學生們的實踐能力。

機器人競賽

目前，機器人競賽可以說是推廣機器人教育最為有效的方式，而機器人競賽的專案、參賽規則、評分標準等的制定對於組織方來說都是不小的挑戰，它需要賽事舉辦方有足夠的創造力及影響力。優秀的機器人競賽可以激發參賽者學習科學知識的濃厚興趣，提升參賽者的科技素養，從而為國內的機器人研發培養優秀的人才。

FIRA 機器人足球比賽是國際最為著名的機器人競賽之一，該比賽最早由韓國金鐘煥（Jong-Hwan Kim）教授在 1995 年首次提出，並於 1996 年在韓國舉辦了第一屆比賽，次年在第二屆比賽中成立了國際機器人足球聯盟（FIRA）。此後由 FIRA 每隔一年在全球範圍內舉辦機器人世界盃比賽（FIRA Cup）及機器人學術會議（FIRA Congress），從而讓

參賽者在享受競賽帶來的樂趣的同時，可以彼此交流經驗，最終推動整個機器人產業的快速發展。

FLL 機器人世錦賽在國際上也有著較大的影響力，1998 年美國非營利組織 FIRST 創始人 Dean Kamen 與樂高集團合作舉辦了第一屆比賽。截至 2014 年，共有 54 個國家的代表隊參加了這項比賽，全球範圍內大約有 300 萬名參賽隊員。該比賽面向全球範圍內的中小學生開放，意欲透過豐富多彩的比賽來培養中小學生對科學知識的興趣。此外，機器人滅火比賽、機器人走迷宮比賽也是國際上比較有名的機器人賽事。

機器人教育的實踐方式

目前，機器人教育已經進入了大學課堂，被歸入了人工智慧、自動化等相關專業的課程當中，並且開始逐漸從課程理論走向了實踐。未來，機器人教育在普通中小學領域的普及已然成為大勢所趨。

從當前的機器人教育領域來看，機器人教育主要是以競賽的形式進入到了中小學教育中，並透過競賽激發和培養學生的設計及創新能力，運用模範效應推動智慧機器人在中小學教育中的應用。在對各地中小學關於機器人教育的方式進行研究調查的過程中發現，機器人在中小學教育中的應用大致有以下 4 種方式。

（1）以學校或社團等單位的形式將一部分愛好機器人的學生聚集在一起，組成智慧機器人學習小組，從事智慧機器人的組裝、設計及創新，提高中小學生對智慧機器人的認識和實踐水準，這些學習小組可以以學員制進行活動，並代表學校或地區參加各種競賽活動。這也是機器人在中小學教育領域中應用最廣泛及最有效的形式。

（2）在中小學的綜合實踐課中普及智慧機器人技術學習，這種課程的進行對學校師資、裝置等的要求比較高，因此主要集中在城市。

（3）將智慧機器人作為資訊科技課的一部分內容編入中小學資訊科技教育課程中，這種教育形式還處在試驗階段，教材的編寫及課程設定正在起步。毫無疑問的是，將智慧機器人融入資訊科技課程，為這一領域注入了新鮮的血液，同時也有利於緩解資訊科技教育中重軟體應用輕程式設計開發的問題。

（4）將智慧機器人教育以研究性課程的形式開設在中小學教育課程中。隨著教育水準的不斷提高，學校及老師越來越重視對研究性學習課程的設定，從而幫助學生更好地挖掘興趣和激發潛能。而且利用研究性學習的形式推廣機器人教育也符合機器人教育長期性及個性化的特徵，有利於激發和培養學生的創新能力。

但是，由於研究性課程在中小學教育中所占的比重並不大，所以有關機器人的研究性學習課程並不多，而且研究性課程因為參與人數較多往往會給課程的組織帶來較大的困難，這些因素都將影響機器人教育的發展和提升。

機器人在教育領域的推進策略

當前，機器人教育受到了國內外的廣泛關注，學校的機器人教育開始取得了一定的效果，但是其中存在的一些問題同樣不容忽視。

（1）機器人教育的教學目標有待完善。對教育而言，從小學到國中，再到高中的機器人教育階段教學目標層次不夠清晰，相關的教材缺乏一定的區分度。

（2）機器人教育沒有進行科學的規劃及設計。尤其是與機器人教育配套的教材品質存在明顯不足，大部分教材完全是按照「產品說明書」的模式編寫而成，缺乏教育界專家的指導。

（3）教育機器人產品比較混亂，缺乏有效的監督。當前，教育機器人的產品品牌非常之多，而且其作業系統自成一系，互不相容。另外，教育機器人的 CP 值普遍較低，很難獲得消費者的一致認可。

（4）教育部門沒有給予足夠的重視。目前，中小學機器人教育的普及推廣，相當程度上是由一些與機器人研發相關

的企業在引導。企業在機器人教育推廣中的作用的確不能忽視，但是隨著機器人教育的層次不斷深入，企業為了產品銷售而推動機器人教育的發展模式注定無法持續，要想真正透過機器人教育取得良好的效果，教育部門必須從國家未來發展的方向出發，對機器人教育進行規範及引導。那麼，我們應該如何推進機器人教育的發展呢？

關於教育機器人的研究與開發

教育機器人種類雖然有很多，而且大多有自己的特色。但從整體來看，能這應不同年齡層、CP 值較高的教育機器人嚴重缺乏。對於活發好動的孩子們來說，功能有限、設計粗糙的教育機器人產品很容易讓他們產生厭煩。為了打破現有局面，教育機器人製造商就必須能夠在現有的教育機器人產品上進行創新發展，提升產品的相容性，縮短產品研發週期。

從教育機器人技術方向上來說，為了滿足個性化及差異化的使用者需求，就必須提升產品的開放性及可拓展性，從而使使用者能夠在使用教育機器人產品時發揮出自己的想像力及創造力。此外，企業需要不斷擴展教育機器人的應用範圍，不僅中小學生需要教育機器人，幼兒員、高中、大學，甚至是在職人員同樣對教育機器人有著強烈的需求。

關於教育機器人的教育應用

應該重視教育機器人在教育中發揮出的作用，將教育機器人的應用融入教育改革。對中小學生來說，可以在他們的綜合實踐課程中加入與教育機器人研究相關的模組；對於知識掌握更為全面的高中生來說，可以將教育機器人應用到現已開設的「人工智慧初步」、「簡易機器人製作」等課程中，從而發揮出教育機器人的強大影響力。

教育機器人所展現出來的技術綜合性，使其不僅可以成為提升資訊科技教育教學品根本性的有效工具，還能有效推進中小學教育的轉型更新。在學校中開展機器人教學，普及機器人教育，既能加強人才培養體系建設，還將提升機器人技術的應用水準。教育部門應該在與教育相關的大專院校專業課程中，開設與教育機器人相關的課程，為推進教育機器人在教育中的應用培養雄厚的師資力量。

當前，機器人競賽主要集中在機器人滅火、足球、走迷宮等專案上，為了更加全面地培養學生的創造能力、團隊合作能力、實踐能力，應該在比賽專案上有所創新，從而滿足未來國家智慧製造產業的發展需求。比如，比賽專案的設計可以更多考慮人工智慧與機器人的交叉研究。

關於教育機器人的相關標準

當前，教育機器人種類複雜，業內沒有形成統一的標準，這妨礙了教育機器人產業的快速發展。因此相關部門可以考慮研究並制定教育機器人領域相關的標準，從而為教育機器人的產品研發及教育活動的有效開展打下堅實的基礎。

教育機器人的標準制定需要從以下兩個方向考慮：

（1）對教育機器人產品制定統一的標準。對於不同年齡層的使用者來說，教育機器人的功能、作業系統、互動介面應當存在一定的差異性，透過建立科學完善的產品標準為企業生產機器人產品提供有價值的參考。

（2）引導教育機器人的教學實踐活動。透過對不同層次學生的教學內容進行有效規範，明確不同類型的機器人的規格與標準及其這用於何種類型的比賽等，從而為學校普及機器人教育提供參考。

研究並制定教育機器人標準，不僅有助於解決教育機器人產品的生產、教育教學水準的提升，還能實現基礎教育中機器人教育資源的有效整合，從而推動國內機器人教育實現跨越式發展。

第 5 章

機器人 X 醫療：醫療產業的新興力量

醫療機器人引領智慧醫療

醫療機器人發展現狀及特點

　　2010 年，義大利佛羅倫斯市「泰克諾藝術」公司根據列奧納多‧達文西（Leonardo da Vinci）的設計草圖和手稿，成功複製出被命名為「機器武士」的達文西機器人。該機器人不僅展示了達文西在解剖學研究方面的部分成果，也引發了人們對醫療機器人的廣泛關注。

　　今天，機器人在醫療領域的應用已不再停留於假想階段，而逐漸成為資金市場的競逐對象。機器人醫療正成為新的產業焦點，並將掀起新一輪的技術創新浪潮。例如，2015 年 11 月 23 日到 25 日舉辦的機器人博覽會上，醫療機器人由於具有廣泛的市場需求和發展前景，再次成了人們關注的焦點。

　　整體來看，醫療機器人之所以能夠處於產業焦點，受到眾多資本追捧，主要源於該產業當前的發展現狀和特點。

市場相對處於藍海，潛力巨大

　　工業機器人領域一直是機器人產業的主要角力場。與之相比，各個國家的醫療機器人產業都還處於起步發展階段，有著廣闊的市場潛力和發展空間，是智慧機器人產業的「藍海」，因而受到眾多資本的追捧。同時，醫療護理領域對醫療機器人也有著越來越大的市場需求，這也推動了醫療機器人產業的快速發展。特別是 2010 年達文西機器人的問世，更是引發了人們對醫療機器人的廣泛關注和期待。

各國研發水準相差不大

　　就目前來看，達文西機器人仍然是市場上醫療機器人的成功代表，已經被 FDA（Food and Drug Administration, 食品和藥品管理局）批准應用於成人和兒童的普通外科、胸外科、婦產科、頭頸外科、心臟手術等多個外科手術領域，展現了外科手術機器人的最高水準。達文西機器人在本質上就是一個高級的腹腔鏡系統，是透過使用微創的方法，幫助醫生進行複雜的外科手術。

　　從醫療機器人的整體發展應用來看，各個國家的研發和應用水準相差不大，醫療機器人還是一個有待開發的藍海市場。

　　出現這種情況，一方面是由於技術瓶頸的限制，導致使

用者體驗還不夠優化完善，沒能被廣泛應用到醫療護理的各個領域，這使得各種醫療機器人的構想仍然停留在科學研究實驗領域，沒能走向臨床實踐；另一方面，有些醫療機器人在應用方面雖然已經完善成熟，但成本卻過於高昂，無法進行大規模的推廣應用。

市場需求巨大

隨著人們對自身健康的重視，以及對優質醫療服務體驗的追求，醫療領域逐漸展現出巨大的發展潛力。這也為醫療機器人產業的發展提供了廣闊的市場空間。從直接的手術類醫療機器人，到肢體替代類醫療機器人，再到病患護理類醫療機器人，這些細分的垂直市場需求，不斷推動著醫療機器人的研發、創新和應用。

另外，隨著社會對智慧化服務的青睞，以醫療機器人為代表的服務類機器人，越來越受到資本市場的廣泛關注，成為機器人行業中新的市場熱門。國際機器人聯盟的數據顯示，保全類、醫療類、清潔類和水下類機器人的市場需求和應用，排在專業服務類機器人領域的前四位。

嚴格的臨床試驗

機器人在醫療和工業領域的應用上有著顯著的差別，特別是在安全性、可靠性方面，前者往往有著更為嚴苛的標

準。醫療機器人在投入市場應用之前,需要進行十分嚴格的、較長時間的臨床試驗和觀察。這導致醫療機器人的投資報酬週期比工業機器人要長得多,在產業發展上自然就落後於工業機器人。

整體來看,專業服務類機器人是機器人領域新的產業焦點。國際機器人聯盟主席 Arturo Baroncelli 預測,隨著人們對服務類機器人需求的增多,2015 至 2018 年,世界服務類機器人的市場銷售額將超過 200 億美元。

其中,醫療機器人在服務類機器人領域中占有十分重要的位置。特別是隨著人口高齡化的影響,一些身心障礙人士服務機器人、老年人護理機器人的需求將不斷增加,這為醫療機器人產業創造了巨大的市場空間。

醫療機器人的用途分類及市場規模

300 年前(18 世紀 80 年代),奧地利的 Billroth 醫生用手術刀成功完成了人類歷史上第一例外科手術,從此,人類進入第一代外科手術時期。如今,300 年過去了,人類已經可以在手術過程中應用機器人代替傳統的手術模式。

微創手術(以腹腔鏡膽囊切除術為代表)獲得巨大成功後,很多相關的手術甚至都不再需要醫生親自操刀,人類進入第二代外科手術時期。21 世紀以來,很多臨床實踐在手術

過程中都應用了機器人，業內人士認為這是對外科手術的一次變革。相信在不久的將來，第三代外科手術的大門就會被拉開。

醫療機器人屬於專業服務機器人的範疇，其智慧化水準相對較高，可以在沒有人工輔助的情況下制定操作計劃，在分析現實情況的基礎上編排操作流程，之後將指令發送給受其操控的儀器，完成一系列操作。如今，越來越多的已開發國家出現人口高齡化問題，而經濟的發展使人們對醫療衛生方面的標準不斷提高，此外，很多國家在醫護人力方面存在缺口，因而，醫療機器人不僅可以滿足人們需求，還擁有廣闊的發展前景。

醫療機器人用途廣泛，醫療衛生智慧化

醫療機器人在研究與開發過程中涉及很多領域，除了醫學與機器人技術之外，還包括機械學、材料學、生物力學、電腦圖形及視覺，以及數學分析等領域，無論是在社會服務還是軍事領域，都能夠發揮重要的作用，也正因為如此，該領域聚集了眾多專家學者。

醫療機器人包括四種：外科手術輔助機器人、康復機器人、診斷機器人與其他類型的機器人。醫療機器人可以被應用於手術操作、緊急救援、醫療康復及轉運過程，它的開發

及應用能夠展現出醫療衛生的現代化水準正在不斷提高。

其中，外科手術機器人的應用能夠鮮明地展現出醫療衛生的整體進步，醫生能夠透過它得到更多的參考資訊，用於提高決策的科學性，不僅如此，它還能大幅提高手術的精準度，以微創手術代替傳統的開刀手術，讓患者能夠更快地擺脫病痛的困擾，也可以避免傷口感染。

醫療機器人市場：單位價值最高的專業服務機器人

機器人手術在如今已經不是個別案例，據統計，在世界範圍內，有超過 30 個國家、800 家醫院在手術過程中應用了機器人，案例規模超過 60 萬個，醫療機器人被廣泛應用於各個科室，包括心臟外科、胃腸外科、婦產科等。

國際機器人聯盟對 2012 年世界範圍內的機器人銷售情況做了統計，其數據顯示，一年下來，醫療機器人在世界範圍內的銷量超過 1,300 臺，在所有專業服務機器人中占了 8 個百分點，比 2011 年的銷量提高了 1/5，而外科手術機器人的銷量在醫療機器人銷量中的比重達到 80.5%。在所有的專業服務機器人中，單位價值最高的便是醫療機器人，一臺功能齊全的醫療機器人的價格大約為 150 萬美元。

就目前來說，醫療機器人的應用並沒有普及，已開發國家為其應用主體，只有少數開發中國家引進了醫療機器人。

但到 2017 年或者之後兩年，機器人在手術中的普及程度會
得到大幅度提高，屆時，大概有一半的手術會應用到機器
人。在 2015 至 2019 年，醫療機器人每年的成長率能夠達到
19%。由此可見，醫用機器人確實擁有巨大的發展空間。

醫療機器人的應用實踐

領先全球的醫療機器人

2015 年初，幾乎是在一夜之間，人們將目光聚焦在機器人產業上：工業製造 4.0、智慧製造、智慧工廠、自動化時代等詞彙在機器人行業領域裡逐漸風靡。其中，「機器人＋醫療」是人們討論最多的重點之一。

機器人技術早已在醫療保健服務方面取得了廣泛應用，走在其他垂直領域的前列。智慧機器人不僅被用於各種康復治療，甚至還被用於醫生的臨床診斷和手術中。

就當前來看，下面 10 款機器人在醫療領域應用最廣，甚至可能會對醫療服務產業的現有秩序和格局進行變革重組。

Vasteras Giraff

Vasteras Giraff 是一款定位於老年人醫療服務的智慧機器人產品，主要由輪子、攝影機和顯示器三大部分組成，可以透過遙控器進行操縱控制。藉助 Vasteras Giraff，老年人不但

能夠隨時與外界進行連繫，還能夠像使用 Skype 軟體一樣，與他人進行雙向視訊通話。

Vasteras Giraff 優化了老年人的醫療服務體驗，在老年醫療和服務領域應用廣泛。

機器人患者

任何科學技術的進步，都是在反覆實驗、不斷修正的過程中取得的。然而，由於醫療領域研究的特殊性，導致在其發展歷程中出現了很多圍繞醫療實驗的爭論，特別是與人類道德倫理上的矛盾 —— 醫療研究中是否應該使用人進行各種臨床試驗。

機器人患者的出現很好地解決了這一問題。隨著技術的不斷進步，今天的機器人患者已經高度擬人化，不僅擁有跳動的心臟、轉動的眼睛、擬人化的呼吸，甚至還可以細分為孕婦或者嬰兒，從而讓醫學生能夠更有針對性地進行臨床培訓、學習，促進醫療領域的技術創新和進步。

Aethon TUG

美國實用商業領域移動式自動化機器人產業的領先公司 Aethon，曾推出一款用於尋找、配送和收回醫療裝置的自動化移動機器人 TUG。這個外觀呈立方體的移動智慧機器人，不僅安裝十分簡單，還可以利用醫院的 Wi-Fi 訊號與中央系

統進行通訊，甚至能夠自動躲避障礙、乘坐電梯。

　　Aethon TUG 可以用於送餐、送藥、實驗室、醫藥記錄、患者床鋪整理、醫療廢物收集等多個方面，大大提高了醫院的工作效率，獲得了醫護人員和患者的大力稱讚。

疾病診斷機器人

　　確定患者病情是醫療服務的第一步，也是醫療實踐中的核心部分。然而，只要是人就總會出錯。在醫務人員的實際診斷過程中，由於各種原因出現診斷偏差甚至失誤的情況，也並不少見。例如，在血檢或 X 光時，就可能會出現醫生沒有察覺到的細微情況，進而導致診斷偏差。

　　這時，疾病診斷機器人就成為人工診斷的一種必要補充和完善。特別是在一些特殊診療領域，更是如此。而且，隨著相關技術的不斷發展深化，這種疾病診斷機器人必然會被越來越多地運用到臨床診斷中，以實現對患者的精確診療。

RP-VITA

　　遠端醫療服務一直是智慧醫療領域的關注重點。2012年，美國知名機器人公司 iRobot，聯合 In Touch Health 推出了一款遠端醫療機器人 RP—VITA（Remote Presence Virtual ＋ Independent Telemedicine Assistant, 獨立遠端醫療系統助理）。

該款機器人採用了 iRobot 先進的自動導航和移動感測技術，能夠在醫院大廳自主移動。同時，醫生可以藉助 InTouch Health 的遠端醫療和電子病歷技術，獲取需要的病人資訊。另外，該機器人內部還植入了超音波、電子聽診器等裝置，並透過 iPad 應用進行操控。這使醫務人員可以對病人進行隨時的遠端監控、診斷、治療，並進行通話。

手術機器人

　　利用機器人進行手術，是醫療領域一直在嘗試和追求的方向。因為與人工手術相比，智慧機器人的動作更為精準，切口更小，不僅能夠大大降低手術和感染風險，還有助於患者更快地康復。

　　例如，早在 2008 年，卡爾加里大學醫學院就研發了世界上第一臺兼有顯微外科和影像引導穿刺活檢的核磁共振外科手術機器人 Neum Arm。

　　一位腦科醫生在它的幫助下，從患者腦中成功地取出了一個雞蛋大小的腫瘤。

Bestic

　　對於那些不願麻煩別人而又無法自己進食的患者來說，Bestic 機器人是一個不錯的問題解決方案。該機器人是一個小型智慧機械手臂，末端帶有一個湯匙。使用者可以十分輕

鬆地對湯匙進行操控，選擇餐桌上的食物，而不用再依靠別人的幫助。

康復機器人

康復機器人是醫療領域中比較常見的機器人應用，能夠幫助患者加快康復進度。特別是對那些由於長期物理治療而需要儘早恢復行動能力的患者來說，康復機器人可以說是一種最理想的解決方案。

護理機器人

利用機器人進行護理，不僅能減輕醫院護理人員的負擔，還能夠避免人工護理時尷尬場景，保護患者的隱私和獨立性，優化他們的醫療體驗。

例如，2010 年，美國喬治亞州衛生護理實驗室推出了一款名為 Cody（科迪）的護理助手。該智慧機器人可以彎曲手臂，並能夠透過內建的相機和雷射測距儀，找到患者需要清潔的皮膚區域，進而幫助他們清潔身體。

替換肢體

藉助機器人幫助那些有軀體殘疾的病人重新恢復正常生活，也一直是機器人醫療領域的重點研究方向，並已經獲得廣泛應用。

當前，這種應用主要集中於外部的肢體替換方面，而很少應用到對心臟或其他人體內部器官的替換方面。但可以肯定的是，隨著智慧機器人技術在醫療領域的進一步突破完善，利用智慧機器人替代人體內部衰敗的器官，也必然會在不遠的將來獲得廣泛應用。

奈米機器人在醫療領域的應用

　　機器人不僅能幫助人們完成日常工作，還能超越人的限度，在人類無法適應的環境中發揮出巨大的作用。透過網路通訊技術的運用，人可以透過遠端控制機器人，從而跨越時間與空間的限制，去完成一些以往人類不可能實現的事情。

　　近年來，通訊技術與感測技術的突破使得機器人產業的發展邁入更高的層次，奈米機器人的出現，極大地拓展了機器人的應用空間。與以往的工業自動化不同的是，智慧機器人成為一個人類在訊息世界與物理世界之間自由轉化的媒介，作為訊息終端的智慧機器人演變成為最為基本的網際網路基礎設施，智慧機器人已經不再只是替代人類的簡單工具。

　　從某種角度上說，機器人工作的邏輯在於：透過感測技術將物理世界的訊息轉化為數據，接著透過智慧控制系統進行分析並決策，最終透過多種形式的回饋完成自動化控制過

程。透過感測技術不僅可以對機器人的狀態進行隨時監測，還能夠極大地拓寬人類的視野，在人類肉眼無法辨識的環境中完成各項任務。

奈米機器人在醫療領域的廣泛應用還存在以下幾個方面的技術難題。

機器人對新藥物藥效的監測、記錄及量化分析。

機器人對藥物到達指定位置的精準控制能力。

機器人進行自我動態調整以適應不同細胞工作環境的能力。

透過智慧化的控制系統，奈米機器人可以實現對藥物的精準投放，並對藥物的效果進行隨時監測。這對於新藥物的研發方面將會帶來極大的幫助，透過奈米機器人快速高效地完成對藥物在細胞上的篩選，能夠加快藥物研發程式，提升人類整體生活品質。

透過奈米機器人在新藥物研發領域的應用，還能有效降低成本投入。以高研發投入著稱的 IT 行業為例，像微軟、思科等 IT 行業大廠的研發投入占其收入比重可以達到 10% 至 15%。而以瑞輝公司（Pfizer）為首的國際醫藥行業大廠，其研發投入占收入比重為 15% 至 20%。新藥物的研發最顯著的特點就是研發週期長、投資成本高。通常情況下，新藥物的研發要投入 10 億至 15 億美元並且要經歷長達 10 年的研發週期。

近年來，各種新疾病的出現，尤其是超級病毒的潛在威脅下，研發新藥物愈發受到重視。在智慧機器人的幫助下，人類可以實現新藥開發的自動化，從而有效打破當前藥物研發領域的諸多難題。

雖然，目前機器人的應用範圍主要是在工業領域，但是與人們日常生活密切相關的服務機器人，未來也必然會有更為廣闊的發展空間。

以美國機器人應用最為成功的汽車製造行業為例，整個汽車行業價值約為 8,650 億美元，其中機器人自動化大約創造了 6,560 億美元的價值。而自動化程度較低的美國醫藥行業總價值為 9,800 億美元，如果透過機器人的應用實現新藥研發自動化，大約能為醫藥行業新增 6,860 億美元的價值。不難發現，醫藥行業將成為工業機器人應用領域的下一個引爆點。

ISRG：醫用機器人公司

直覺外科公司的醫用機器人研發技術在世界範圍內都很知名，是輔助醫療機器人的領頭企業，該企業在 2013 年的收入超過 22.6 億美元；到 2014 年 4 月底，其主營產品達文西機器人的銷售規模超過 3000 臺；2014 年第二季度，該公司的市值接近 160 億美元。

　　縱觀全球，在所有的手術機器人中，達文西機器人的成功率居於首位，在手術過程中利用該系統可以完成精準的操控與視覺監測，另外，它還能夠完成微創手術。

　　達文西機器人主要由以下幾部分組成：一是主刀醫生操作控制臺，二是病人臺車，三是 3D 成像視覺平臺。該系統能夠代替外科醫生的手的操作，透過控制一系列機械臂，完成微創手術。2000 年，達文西機器人透過了美國食品藥品監督管理局的認證，可以應用到諸多醫療領域，包括泌尿科、婦產科、心臟外科等。

　　直覺外科公司自 1995 年成立以來發展得非常快，其產品銷售面向世界各國。如今，越來越多的國家開始引進醫療機器人，據相關數據統計，自 2004 至 2014 年，達文西機器人的使用頻率超過 50 萬次，使用範圍複合成長達 16 個百分比。2013 年，直覺外科公司的盈收數額超過 22 億美元，這一年的毛利率超過 70%。再來看一下該公司的淨利潤成長情況，2013 年，淨利率接近 30%，淨利潤複合成長率約為 140%。據統計，到 2014 年 4 月底，超過 3000 臺達文西機器人投入應用，美國應用的該機器人系統占比達到 69.6%，歐洲達16%。

　　達文西機器人是直覺外科公司的明星產品，該機器人系統的研發、生產及銷售都由直覺外科公司完成。達文西機器

人及配套附件的銷售是直覺外科公司的主要業務，此外，該
公司還負責機器人系統的安裝與系統培訓，一直以來，其利
潤大部分來自於機器人的銷售，不過，隨著發展，系統培訓
與附件銷售為收入所得的貢獻率逐漸提高，2013 年，附件及
工具在總收入中的比重達 46%，比機器人本身的銷售收入還
要高。

　　直覺外科公司的銷售主要面向美國，該公司超過 70% 的
盈收都來自美國市場。自 2001 年，該公司著手實施國際策
略，一年後，亞洲市場被開啟，到 2014 年，多數西歐國家及
匈牙利、捷克、韓國都已成為直覺外科公司的國際市場，其
國際收入在總收入中的比重也逐漸提高。

　　如今，越來越多的國家爭相引進直覺外科公司的醫療機
器人，其中，美國的達文西機器人的應用普及率在所有國家
中排名第一。在不久的將來，會有更多的國家認可該機器人
系統，同時，直覺外科公司也將不斷拓寬其國際市場範圍，
達文西機器人會吸引更多國家的目光。

　　直覺外科公司的醫療機器人在很多手術中得到應用，其
中，複雜手術的應用最為廣泛。如今，該公司還在致力於機
器人的研發與科技水準的提高，筆者認為，在短時間內，很
難有同類公司可以與其匹敵。

　　綜合來說，直覺外科公司的發展較平穩。該公司圍繞達

文西機器人的銷售來開展其業務，透過銷售附件、服務及相關耗材來獲得利潤。一臺達文西機器人的市場價格普遍在100萬至200萬美元之間，每臺系統銷售後的年均服務費用在10萬至17萬美元之間，其相關附件及耗材的年均費用在700至3,200美元之間。預計，其收入會隨著國際市場的不斷拓展而逐年增加。

ReWalk Robotics：機械外骨骼機器人

ReWalk Robotics 的誕生與發展

　　康復機器人是醫療領域中比較常見的機器人應用，能夠幫助患者加快康復進度。特別是對那些由於長期物理治療而需要儘早恢復行動能力的患者來說，康復機器人可以說是一種最理想的解決方案。

　　其中，以色列製造商 ReWalk 機械公司設計的「ReWalk」外骨骼系統，是康復類醫療機器人中比較具有代表性的。ReWalk 主要用於幫助那些雙腿失去行動能力的人再次站立起來，重新找到行走的感覺。下面，我們就來詳細了解這一「外骨骼」產品是如何誕生的？它的發展現狀、問題及市場前景又是怎樣的？

　　對於那些失去行走能力、只能坐在輪椅上的人來說，能夠重新站在大地上是他們內心深處最為熱切的渴求。ReWalk 的發明者阿米特・高佛（Amit Goffer）博士，也是這樣一位因早年意外而不得不坐在輪椅上的人。正是對這種痛苦和渴

望有著切身的感觸，高佛博士一直夢想著幫助像自己一樣雙
腿癱瘓的人，重新找到行走的感覺。

正如商界傳奇人物史蒂夫・賈伯斯（Steve Jobs）曾說，
「任何偉大產品的誕生，都是源於內心深處的渴望」。高佛博
士和他的朋友、同事組成了一個研發團隊，專注於打造能夠
幫助人們重新站起來的醫療康復機器人。經過 9 年的艱苦研
究，該團隊在 2006 年將改良後的 ReWalk 機器人推向了臨床
試驗。

不同於以往的外骨骼產品和替代性義肢，ReWalk 機器人
擁有強大的中央處理系統和高精度感測器，能夠敏銳感知到
行走重心的每一處細微變化，從而透過控制運動節奏，為使
用者提供最為自然、舒適的行走速度和狀態。經過一段時間
的訓練磨合後，ReWalk 能夠幫助使用者重新找到使用正常肢
體的感覺，甚至那些四肢癱瘓的人，也能在它的幫助下重新
站立行走。

這種優根本性的使用者體驗，得益於 ReWalk 公司 20 多
年的研發經驗。正像美國的電子醫療平臺 Modernizing Medi-
cine 公司擁有很多臨床醫生一樣，ReWalk 產品的研發團隊也
有多位癱瘓者。這使團隊成員對目標使用者的需求和體驗有
著十分深刻的理解，在研發改進時自然會更有針對性、也更
加人性化。

ReWalk Robotics 的研發實踐

ReWalk Robotics 公司是由 Argo Medical Technologies 醫療科技公司發展而來的，以幫助坐在輪椅上的癱瘓者重新站立行走為目標，致力於可穿戴外骨骼動力裝置的研發製造。

當前，該公司主要擁有 ReWalk Personal 和 ReWalk Rehabilitation 兩款產品。前者藉助感測器和監控回饋系統，幫助使用者站立、行走和爬樓梯，適用於家庭、工作、社交等場所；後者則為癱瘓者提供一些物理治療方式（如緩解肢體疼痛、肌肉痙攣等），主要用於臨床修復。

早在 2012 年，歐盟就審批通過了 ReWalk Robotics 公司的外骨路產品。而到了 2014 年 6 月，該公司的外骨骼產品通過了 FDA 的審批。這意味著公司的外骨骼裝置能夠正式進入市場，讓更多的癱瘓者重新站立起來。

根據相關統計，ReWalk Robotics 公司的產品正在獲得更多患者的接受和認可：截至 2015 年 8 月 1 日，在公司出售的 62 臺 ReWalk Rehabilitation 和 19 臺 ReWalk personal 產品中，高達 88% 的訂單是來自使用者，另外 12% 則來自研究和測試機構。

具體來看，ReWalk 醫療機器人具有以下特色。

由可穿戴外骨骼關節、中央控制系統和一系列高精度感測器組成，是世界上唯一使用傾斜感測器來幫助癱瘓者獨立

行走的外骨骼機械裝置。

ReWalk 能夠透過高精度感測器監測到使用者行走時重心的細微變化，進而對運動狀態進行控制調整，使使用者能夠以最自然、舒適的步態實現獨立行走，並保持功能性的行走速度。與其他外骨骼關節裝置相比，這是該產品最大的優勢和特色。

外骨骼裝置會支撐使用者的身體重量，避免了使用者行走過程中的能量浪費，使他們在獨立行走時更為輕鬆。同時，使用者還可以透過自身重心的轉移來改變行走方向。

ReWalk 的穿戴比較簡單，使用者自己就可獨立完成。而且，該裝置還允許使用者坐、站，某些情況下甚至可以幫助使用者爬行樓梯。

ReWalk 還為癱瘓者創造了其他價值，如減緩癱瘓帶來的肢體疼痛和肌肉痙攣、改善腸道消化系統、加速新陳代謝、減少藥物依賴等。

ReWalk Robotics 公司側重於產品的研發更新，將生產環節多外包給國際者名的電子產品製造商新美亞（Sanmina），從而保證了產品具有過硬的品質。另外，由於大多數癱瘓者都在家庭或社群，因此公司更希望個人而非機構成為產品的主要購買者，以便能夠幫助更多的使用者重新站立行走。

現階段，，ReWalk Robotics 公司致力於研發新一代產品

ReWalk-Q。該產品不僅在效能上全面優於前幾代裝置，更重要的是囊恬了更大範圍的癱瘓人士。如多發性硬化、腦中風患者等人群，也可以使用該裝置。

ReWalk 上市：下一個特斯拉

2003 年成立的特斯拉純電動汽車公司（Tesla Motors），雖然 2010 年 6 月在那斯達克的 IPO 融資金額達到 2.26 億美元，但人們對該公司卻持有懷疑的態度：這樣一款純電動汽車是否會以犧牲外觀和效能為代價？

從 2003 年到 2013 年，特拉斯公司在市場的觀望下艱難前行，公司運轉在相當程度上來源於創始人的激情和對一個偉大願景的堅持。2013 年 5 月，特斯拉公司宣布實現首次盈利，一時受到全球眾多目光的關注，市值突破了 100 億美元。

特斯拉公司的成功，證明了那些代表著未來方向和擁有偉大願景的創新，必然能夠受到市場的青睞和追捧。如今，特斯拉公司正一步步走向它的願景。那麼，同樣具有偉大願景和創新激情的 ReWalk Robotics 公司，是否會成為下一個特斯拉公司呢？

2014 年 7 月，ReWalk Robotics 公司向那斯達克提交了上市申請。同年 9 月 12 日，公司以每股 13.6 美元的價格開始上市交易，收盤時股價飆升到了 25.6 美元，日累計漲幅達到

113.33％。同時，ReWalk Robotics 公司發行了的 335 萬股股票全部得到認購，融資金額也超過了預期的 5750 萬美元。

從 ReWalk Robotics 公司的 IPO 情況來看，ReWalk 是受到市場高度認可和接受的。其 2014 年 9 月上市第一個月時的最高股價超過了 30 美元，是發行價的 3 倍左右。不過，由於公司的持續虧損，以及產品市場始終無法得到拓展，導致股價一路下跌。目前每股僅有 8 美元左右，總市值也不到 1 億美元。

ReWalk Robotics 公司的財務報表顯示：2014 年公司收入 400 萬美元，全年虧損 2200 萬美元；2015 年第一季度收入 63.5 萬美元，較 2014 年第四季度的 146 萬美元，下降了58％。另外，在公布 2015 年上半年財務報表的當天，ReWalk Robotics 公司的股價又受到重挫，下跌了 20％。

由於高額的成本支出，以及訂製化的產品生產模式，ReWalk Robotics 公司在 2013 年和 2014 年出現了連續虧損，這使市場對 ReWalk 的盈利能力信心不足。

不過，正如特斯拉公司的初期發展一樣，ReWalk 的發展潛力顯然也被嚴重低估。比如，ReWalk 的競爭對手，日本的 Cyberdyne 公司也處於虧損狀態，其收入規模和盈利水準與 ReWalk Robotics 公司相似，但該公司的市值卻高達 20 億美元。

因此，從未來的市場空間、產品的技術水準及通過 FDA 審批等方面來看，ReWalk 具有十分巨大的發展潛力，其市值在當前顯然是被嚴重低估了。

骨骼醫療機器人領域裡的領航者

　　ReWalk Robotics 公司從 2001 年成立，到開始出售 ReWalk 康復版醫療機器人，經過 10 年時間；2012 年公司外骨骼產品透過歐盟審批後，開始在歐洲地區出售 ReWalk 個人版；2014 年 6 月獲得 FDA 認證後，才在美國開始出售 ReWalk 個人版產品。

　　不過，ReWalk 的銷售情況並不理想。這一方面是由於它的價格過高：ReWalk 機器人的售價高達 6.95 萬美元，對於經濟條件一般的家庭而言，這無疑是十分昂貴甚至無法承受的。

　　另一方面，該款機器人在適用性上有一些限制：裝置本身重量約為 21 公斤，再加上放置電池和控制中心的背包重量，使該套裝置對使用者的體力有著很高要求；另外，在身高和體重方面，ReWalk 裝置也有著一定要求，當前主要適用於身高在 1.6 至 1.9 公尺、體重在 99.8 公斤以下的人群。

　　昂貴的價格和適用性方面的限制，造成了當前 ReWalk 的市場認可度偏低。而且，即便產品有著很高的價格，Re-

Walk Robotics 公司仍然處於連續虧損狀態，這導致市場對公司盈利能力的擔憂。

比如，公司希望能夠找到一些保險公司或者政府相關機構和專案（如退伍軍人管理局、政府醫療專案等）幫助人們支付高額的產品費用，讓更多的癱瘓者可以使用 ReWalk 機器人。但是，當前來看還沒有任何私人保險公司有這種意願。

前景：市場空間巨大

雖然當前 ReWalk 公司有著各種問題，但它仍然可能會成為外骨骼機器人界領域的「特斯拉」。隨著技術的研發創新，產品的更新完善，ReWalk 將獲得市場更多的認可，產品價格也將更容易被人們接受。

因為 ReWalk 是一個由偉大願景而不是商業利益驅動的公司。正如特斯拉想要顛覆汽車行業一樣，ReWalk 希望「從根本上改變脊髓損傷患者」的現狀，幫助他們實現重新站立行走的夢想。而這種偏向於公益、能夠造福社會的願景，必然會吸引越來越多的慈善團體、政府機構及眾多企業的關注，使他們願意投資 ReWalk 產品的研發專案。

同時，隨著 ReWalk 通過 FDA 的審批，更大的市場需求空間將被開拓出來。這有利於 ReWalk 公司說服更多的保險

公司將它的產品納入保險範圍。因為 ReWalk 外骨骼機器人可以使癱瘓者的生活方式變得更加健康，這顯然有利於減少保險公司的保險賠付。

根據美國國家脊髓損傷統計協會（NSCISC）的數據，2013 年美國有大約 27.3 萬人的脊椎損傷患者，而且還在以每年 1.2 萬人的速度增加。這些患者中，有 87.1% 的人在出院後會回到家裡或社群中，而不是去專門的康復機構。

另外，2013 年在美國近 390 萬不同程度的身心障礙人士中，18 至 64 歲的人群占比最高，而他們中有一半以上有著走動方面的困難。

ReWalk 商業化的目的是希望產品的使用範圍集中在家庭和社群，以幫助更多的癱瘓者重新行走。因此，當 ReWalk 獲得 FDA 認證，可以直接面向患者銷售時，就有了十分巨大的市場需求。美國普查局（U.S.Census Bureau）的數據顯示，將有 80% 的脊椎損傷患者（21.8 萬人）會成為 ReWalk 的潛在使用者。如果按照當前的產品售價，ReWalk 醫療機器人的潛在市場規模將達到 152 億美元。

除了不斷更新完善新一代的 ReWalk 產品，公司還在研發適用範圍更廣的外骨骼機器人，以幫助更多的癱瘓人士重新站立起來。比如，ReWalk 公司希望將來能夠幫助中風和腦性麻痺患者獲得站立行走的能力。

總之，透過對市場的不斷細分，ReWalk 公司將研發可供更多癱瘓人士使用的新型可穿戴醫療機器人，幫助更多的人重新站立行走，從而拓展出更大的市場空間。

未來：骨骼醫療機器人領域裡的領航者

2013 年 9 月，ReWalk 公司與國際四大機器人家族之一的安川電機進行策略合作，以藉助後者在亞洲地區強大的分銷網路和管道拓展產品市場；同時，安川電機也希望藉助與 ReWalk 的合作，對服務機器人領域進行更多布局。

為了更好地提升產品知名度、實現產品銷售，ReWalk 一方面積極參加各種展覽會，另一方面透過各種方式拓展市場、增強產品影響力。例如，2015 年 ReWalk 公司在美國新增了 10 個培訓中心，並擴大了在康復中心的業務；透過與相關企業展開策略合作，努力拓展北印度和丹麥地區的產品市場。

另外，ReWalk 公司還積極與美德兩國的私人保險公司及工人補償集團進行協商，以便把 ReWalk 醫療機器人納入保險範圍，提高產品銷量。

ReWalk 的發展與達文西機器人有著太多相似之處：雖然一個起源於 20 世紀 80 年代末的史丹佛實驗室，另一個來自 20 世紀 90 年代末的以色列 Argo 公司實驗室，但兩者都是醫

療類機器人，也都歷經十餘年的技術累積才推出了第一款產品。同樣的，在上市後的前幾年，兩者都表現一般，甚至虧損嚴重。

其實，這也是高科技產品在初期發展時繞不開的難題 —— 成本控制問題及市場對產品的認知接受問題。

達文西機器人經過十幾年的發展，已經十分成熟，獲得了市場的高度認同，成為手術機器人領域的佼佼者。因此，有理由相信，ReWalk 機器人雖然仍處於艱難前行階段，但在偉大願景的支撐下，也肯定會像達文西機器人和特斯拉電動汽車一樣，成為外骨骼醫療機器人領域裡的領航者。

第 6 章

機器人 X 服務：服務機器人的產業化進程

服務機器人：機器人產業的下一個焦點

合作機器人元年

　　國際機器人聯盟（IFR）預測，即將到來的機器人革命將會創造數兆美元的市場。未來，機器人可能會像智慧型手機一樣成為人們生活中必不可少的一部分。甚至還有人大膽預測，將來每個人手中擁有的機器人數量可能會超過 10 臺。因此，服務機器人將會成為機器人發展的下一個重點。

　　工業機器人由於起步較早，已經在全球機器人市場上擁有了優勢地位，並且即將邁進工業機器人 2.0 時代。在這個時代，人機合作及共融將會成為一種潮流。而人機合作的實現對於機器人領域來說也是一項重要的突破，移動機器人將會在萬眾期待中產生並應用在人們生活的各個領域，2016 年可能會成為合作機器人元年，對於機器人產業的發展具有里程碑式的意義。

　　動畫電影《大英雄天團》的上映，也讓電影的中的「杯麵」成了暖心的代名詞，並俘獲了一大批忠實的粉絲。然而

「杯麵」的真實身分其實是一個醫護健康機器人，是服務機器人的一種。每一個人都能擁有一個「杯麵」，為我們提供貼心的服務，這也是很多人對未來的一種美好期盼。

實際上，「杯麵」已經離我們越來越近了。在 2015 機器人博覽會上，日本機器人專家石黑浩教授向人們展示了最新研製開發的美女機器人 Genminoid F，備受機器人愛好者的關注。這款美女機器人的皮膚由矽膠製成，從外形看起來跟真人非常相似，而且還可以模模擬人發聲、唱歌及對話，吸引了大批參展者駐足。

實際上已經有不少國家感知到了機器人時代即將到來的訊號，開始加大在機器人產業的投入。

工業機器人 2.0：合作機器人當主角

隨著人工智慧水準的不斷提升，未來一切能夠實現感知、分析及執行等功能的器物都可以是機器人。

目前，各種形態的機器人已經開始廣泛應用於生產生活的各個方面，比如裝配機器人、搬運機器人及家政機器人等，為生產生活帶來了極大的便利，同時也節省了大量的人力。根據應用領域的區別，機器人被分為工業機器人和服務機器人。

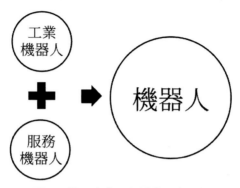

圖 6-2 機器人應用領域的兩大分類

工業機器人是一種集機械、電子、電腦、控制、感測器及人工智慧等技術於一身的自動化裝置，同時也為智慧裝備未來的發展指明瞭方向。

1954 年，美國喬治‧德沃爾（George Devol）研製出了第一臺電子可設計程序的工業機器人；1961 年，該項專利公諸於世；1962 年，這款產品在美國通用汽車公司正式投入使用，這也是世界上第一代機器人。

在經過幾十年的發展之後，工業機器人開始擺脫過去那種粗放式的發展方式，逐漸走向了智慧化發展。在智慧化的引領下，工業機器人的發展將邁進 2.0 時代，人機合作和人機共融將成為時代的主題，合作機器人將迎來發展的「春天」。

合作機器人，顧名思義，就是在機器人與人可以在生產線上協同作戰，充分發揮機器人的效率及人類的智慧。這種

機器人不僅 CP 值高，而且安全方便，能夠極大地促進製造企業的發展。ABB、安川、庫卡（KUKA）、發那科四大國際機器人大廠已經相繼在這一領域展開了布局。

（1）ABB 工業機器人：YuMi

YuMi 是世界上第一個真正實現人機合作功能的雙臂機器人，每一次亮相必將受到萬眾矚目。在 2015 機器人博覽會現場，YuMi 向大家展示了用雙手摺紙飛機的技能，贏得了人們的陣陣掌聲。在博覽會現場，YuMi 則是以人機合作工作站的形式展現在了眾人眼前。

工作站由一臺 YuMi 雙臂機器人及一名工人合作完成裝配工作，YuMi 負責完成旋緊、定位等簡單裝配工作，而工人則主要是完成設計靈敏元件等複雜任務，ABB 研發的相關系統會完成自動進料的環節，從而實現高效的配合及合作生產。

YuMi 憑藉其多功能智慧雙手、靈活的雙臂設計、通用小件進料器、先進的控制系統和軟體等功能，滿足了眾多企業對小件裝配的需求。而 YuMi 人性化的安全設計讓人機合作成為現實。

（2）庫卡智慧化移動合作機器人：KMR iiwa

在博覽會現場，庫卡向眾人展示了其新型智慧化移動合作機器人 —— KMR iiwa，這款機器人的誕生意味著移動合作機器人正在向人們招手。

隨著工業發展水準的提高，未來移動式的生產方案將在工業生產領域備受推崇。而 KUKA 推出的這款新型智慧化移動合作機器人，可以在人機之間自主、靈活性的合作領域中創造新的生產方案。

　　除了以上幾種備受矚目的機器人產品之外，其他的機器人製造企業也推出了幾款合作型機器人。

　　合作機器人之所以能在工業機器人領域擔當主角，與以下幾個因素有密切的連繫：機器人行業發展需求的變化；生產製造領域對彈性需求的提升；機器人感知能力的提升；對機器人安全性要求的提升。

　　應用在汽車領域的機器人大多屬於重型機器人，體型大、移動範圍也大。而新興的消費品電子行業，工序呈現小型化、輕量化、精細化的特徵，於是也就對機器人的彈性提出了新的要求，合作機器人就此誕生。

　　而在安全性方面，過去使用的工業機器人不僅噪音大，而且安全性比較差，每年都會出現機器人運行誤傷工人的事件。而相較之下，人機合作機器人不僅功耗低，而且更加安全易用，可以在人的配合下完成一些輕量化的工作。人機合作機器人體積比較小，每一個軸採用的馬達功率都低於80W，同時採用了內骨骼設計方式，外面有一層軟質材料，對靠近機器人的人造成了良好的保護作用。

　　工業機器人技術在不斷提升的同時，其在製造領域的應用範圍也在不斷擴大。近幾年工業機器人的年度供應量呈現了爆發式成長。2014 年工業機器人數量達到 23 萬，預計到 2015 年底，工業機器人將成長 15% 左右，未來工業機器人還將呈現持續的穩定成長。

　　汽車製造領域是應用工業機器人最為廣泛的行業，在 2014 年的 23 萬工業機器人中，其中有 10 萬臺都被應用於汽車行業。除此之外，工業機器人還廣泛應用於電子、金屬、食品、化妝品等領域。

服務機器人的市場規模

當前服務機器人市場銷量：成長速度快

　　2014 年 IFR 釋出的世界服務機器人統計報告顯示，2013 年服務機器人總銷量為 402.1 萬臺，其專科業服務機器人銷量為 2.1 萬臺，同比成長 4%；個人與家用服務機器人銷量約為 400 萬臺，同比成長 28%。

（1）專業服務機器人

　　相比於 2012 年的 1.6 萬臺，2013 年專業服務機器人的銷量達到了 2.1 萬臺。截至 2014 年初，全球專業服務機器人的累計銷量已經超過 14 萬臺。

2013 年國防機器人年度銷量達到 9,500 臺，占比 45%；無人機銷量為 8,500 臺，相比於 2012 年下降了 12%；醫療機器人銷量為 1,300 臺，同比下降了 2%，約占專業服務機器人總銷量的 6%，預計在 2014 至 2017 年，醫療機器人銷量將成長至 7,100 臺；無人駕駛汽車的總銷量 750 臺，雖然其市場占有率相對較小，但 80% 的成長率也表現了其未來廣闊的市場前景。

（2）個人與家用服務機器人

2013 年銷量達到 400 萬臺，與 2012 年的 300 萬臺相比，同比上升 28%；在個人與家用服務機器人市場中，娛樂機器人與家用服務機器人大約占據了 97% 的市場占有率；市場占有率最低的是身心障礙輔助機器人，但是這種機器人存在著廣闊的市場前景，世界許多國家都在這一領域中投入了大量的精力來推動身心障礙輔助機器人的研發及推廣。

研究機構公布的數據顯示，個人與家用服務機器人市場中發展的主流趨勢是人機合作、以移動終端為核心、能透過網際網路進行隨時互動，而研究的重點則是智慧居家、公共安全、訊息服務、教育娛樂。

未來預估服務機器人市場：500 億美元級別

全球第二大市場研究諮商公司 MarketsandMarkets 釋出的報告中，對全球服務機器人產業的發展進行了評估，2011 年

全球服務機器人市場規模達到 183.9 億美元，2012 年這一數字成長至 207.3 億美元，保守猜想 2012 至 2017 年市場規模成長速度為 17.4%，到 2017 年全球服務機器人市場規模將達到 461.8 億美元。

在 IFR 釋出的數據包告中，預計 2013 至 2016 年的專業服務機器人的銷售量將達到 9.5 萬臺，銷售額將超過 170 億美元。其中擠奶機器人與軍用機器人二者的銷量將占據專業服務機器人總銷量的 55%，前者銷量將達到 2.5 萬臺左右，後者銷量為 2.8 萬臺左右。

報告還預計 2013 至 2016 年個人與家用服務機器人的銷售量將達到 2,200 萬臺，其中占比最大的家用機器人銷量將達到 1,550 萬臺，銷售規模約為 56 億美元；銷量緊隨其後的是 350 萬臺的娛樂機器人及 300 萬臺的教育機器人。

隨著服務機器人技術的不斷突破，小型家用機器人的生產成本將得到大幅度下降，保守猜想到 2020 年可以形成 410 多億美元的龐大市場。此外，需要注意的是，雖然目前身心障礙輔助機器人的市場占有率較小，但由於其所能產生的巨大影響力，預計在未來這一領域將迎來爆發成長期。

全球服務機器人發展情況

服務機器人前列國家：美日韓德法

據不完全統計，當前世界範圍內有將近 50 個國家在發展機器人技術，其中有 25 個國家已經開始在服務機器人領域有所布局。以美國、日本、德國為代表的已開發國家，有 40 多款服務型機器人已經處於研發或者是半商業化應用階段。

世界範圍內，服務機器人處於領先地位的國家主要有德國、法國、美國、韓國、日本。其中，美國在機器人義肢、小型無人偵察機民用領域投入了大量的資源。2014 年 6 月，歐盟啟動了全球最大的民用機器人專案──「火花計畫」，預計到 2020 年將投資 28 億歐元用於農業、運輸、健康、醫療等領域的機器人研發。

作為機器人誕生之地的美國，在機器人相關的技術領域一直走在世界前列。美國機器人技術綜合全面、應用範圍十分廣泛，尤其是在國防軍事、居家服務、醫療康復領域處於絕對領先地位，占據了全球服務機器人產業 60% 左右的市場占有率。

日本作為一個機器人產業大國，在工業機器人領域具有極強的國際影響力。日本政府一直將機器人產業作為推動日本經濟發展的重要策略。從研究機構公布的數據來看，日本

政府在 2006 至 2010 年間每年至少投入上千萬美元用於服務機器人技術的研究。

隨著高齡化問題的日益加劇，陪伴人員的需求進入迅速成長階段，日本老年人健康醫療市場迎來蓬勃發展時期，越來越多的日本企業開始研發家用機器人。2013 年，日本政府投入 1.5 億元推動企業研發陪伴機器人。預計到 2020 年，日本政府計劃將機器人產業市場增加一倍，使市場規模成長至 732 億元，而主要的成長將來自服務機器人市場。

服務機器人產業被韓國作為未來支撐韓國經濟發展的十大支柱產業之一，並投入了大量資金用於幫助企業服務機器人技術的研發。

被稱為「歐洲經濟火車頭」的德國，在服務機器人技術領域的研究在世界範圍內無出其右者。由德國研製出的保母機器人 Care-O-Bot 3 擁有遍及全身的 3D 立體攝影機、感測器、雷射掃描器等，能輕易辨識出各種生活用品，而且十分安全穩定。此外，這種機器人還有一定的自我學習能力，能根據語音命令或者是手勢命令為老年人提供服務。

法國的機器人持有量處在世界前列，機器人在法國有著十分廣泛的應用。同時，法國政府積極引導服務機器人產業的發展，使重視機器人應用研究的企業能享受到稅收優惠，為服務機器人產業營造了良好的發展環境。

國際服務機器人行業知名企業

　　國際服務機器人行業的大廠主要有：美國 Remotec 公司、德國庫卡公司、德國宇航中心、美國 iRobot 公司等。

服務機器人發展的機遇與挑戰

服務機器人受追捧的因素

原始需求驅使

對於大眾來說，服務機器人是可選擇消費品，而不是必需消費品。但如同智慧型手機、平板電腦等一樣，服務機器人也在向必需消費品過渡。

這種需求來源於隨著社會的發展，諸多社會性因素激發人們原始需求驅使，如生活節奏加快，人們做家事的精力減少，打掃型機器人便應運而生；又如人口高齡化趨勢加劇，陪伴型機器人便可分擔這一壓力；此外還有情感型機器人滿足人們尤其是獨居老人的情感需求等。

產業化的帶動

在服務機器人行業，有部分已經率先實現產業化，即掃地機器人和無人機。產業化的出現必然會對其他機器人的發

展造成帶動作用。那麼，為何是這兩種機器人最先實現了產業化？

（1）這兩類機器人能夠滿足的是大眾需求。掃地機器人能夠為人們在繁忙的工作之餘分擔家務，無人機則充實了人們的娛樂生活。

（2）智慧化程度提升，關鍵技術越過人們需求可承受的反曲點。掃地機器人逐一解決了人們的需求痛點，如自動清潔、持續續航、自動巡視等等，這類必備技術的成熟不但滿足了掃地的基本需求，還在不斷超越消費者的需求反曲點。

（3）產業鏈整合難度低。這兩類機器人生產所需零件目前在市場上很容易找到，因此容易整合材料市場，形成生產規模。

未來市場空間得到普遍認同

服務機器人一般涉足的領域包括家庭、醫療、公共場所等，針對的消費者人群包括家庭和商務，從專業程度上來看又分為專業級和普通級。相比較於工業機器人只適用於工業生產領域來看，服務機器人的使用空間更為廣泛，彈性更大，因此專家認為其比工業機器人具有更廣的市場空間。

未來服務機器人的主要發展路徑

從機器人的形態來看，服務機器人主要有虛擬服務機器人和實體服務機器人兩種。目前，服務機器人已經廣泛投入使用，如蘋果的 siri、電信客服的自動應答等。實體機器人顧名思義即呈現出物體狀態的機器人，如掃地機器人、陪伴機器人等。

需求場景的相關功能的開發為實體機器人帶來市場。就產業鏈的組成來看，實體機器人產業化主要包括上游元件、中遊製造和智慧流通與消費三個環節。

其中元件具體包括齒輪、感測器、舵機等，製造過程包括具體製造環節的包裝、作業系統提供、雲端系統提供等。中間製造過程所需製造的環節種類較煩瑣，這也帶動了一大批企業的成長，其中不乏優秀者。

從系統及人機互動等方面來看，服務機器人都能夠適應更加多樣化的平臺，應用場景會比手機更加多元。而恰恰是這種多樣化和多元化會帶來問題和挑戰。

機器人的製作環節劃分更加精細，在每一個細分出來的領域，相關企業很難完全掌握所有的關鍵環節，這對企業的技術能力來說是一個不小的挑戰。

每一個產業發展的最初都面臨需求市場搖擺不定的風險。尤其作為平臺來說，任何一個為消費所主導的產業都要面臨很大風險。

而如今，不少作業系統、平臺性的創業者接連出現，原因在於創業者站在產業鏈的上游，對整個產業發展所處的生態環境進行思考所做出的判斷，其中也包括對風險的考量。

　　除了平臺性的公司之外，有些公司還會針對一個需求點或者是創新點進行機器人本體的開發，利用或者創造需求場景。這類公司需要注意的競爭優勢點主要在於以下兩個因素。

　　側重於硬性需求場景的需求來研發機器人品種，延長市場壽命。

　　利用平臺級廠商的產品，整合上游硬體廠商提供的裝置。

　　透過對需求以及產業鏈的分析不難預測，未來服務機器人產業大致會分為兩類，一類是以晶片和作業系統等為主的平臺級公司，另一類則是以場景內的人際互動為主的應用型公司。

服務機器人發展的障礙

　　服務機器人的產業化需要市場、技術、產業鏈整合等因素的支持，這也是其能形成產業化的關鍵，因此其可能會遇到的阻礙也恰恰來自於這幾個方面。

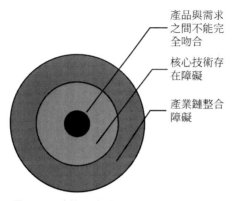

產品與需求
之間不能完
全吻合

核心技術存
在障礙

產業鏈整合
障礙

圖 6-5 服務機器人發展會遇到的三大阻礙

產品與需求之間不能完全吻合

服務機器人產生的最原始動力便來自於需求，那麼，市場壽命的長短則取決於產品市場需求是否具有可持續性。就目前來看，符合市場供需標準的服務機器人，除了掃地機器人外，幾乎寥寥無幾。是這種需求不存在嗎？不是，是產品沒有打中消費者的需求痛點，或者說，與需求之間不能完全吻合。

真正的需求並不是泛泛的概念，而是切實的一個需求點。而對於機器人行業來說，哪些「點」是滿足供需的標準呢？

首先，未滿足過的基本需求具備超高潛力，如客服、早教等，這類需求未得到很好解決，卻又是人們所急待解決的；其次，人們未意識到的新需求。消費者沒有意識到，但

並不代表需求不存在，智慧機器人利用其足夠高的智慧化技術，是能夠創造出新的消費場景的。

此外，智慧機器人在找尋供需時要注意規避以下兩點：

避免太過廣泛。無論是家庭只能機器人還是教育機器人，都只是在談論一種泛泛的普遍需求，真正的硬性需求是需要深入進去的。

避免發展成一種低劣的智慧玩具。目前劣質服務機器人欠缺的是真正的智慧化因素，普遍還需要人為進行干預。

核心技術存在障礙

服務型機器人以人工技能為核心技術，發展主要遵循著計算智慧、感知智慧、認知智慧的路徑來發展。其中認知只能是發展的方向，核心技術包括人臉辨識、語言處理、電腦視覺等。而現階段計算智慧已經在電腦中得到實現，並已經超過了人工智慧，感知智慧也在深度進化。

就服務機器人的發展現狀來看，其在未來的發展主要呈現出以下幾種特點：

智慧化程度更高，由之前的簡單作業向機電一體和多感測器綜合的方向發展。

虛擬互動程度更高，訊息網路與機器人的結合改變了單一化作業形式。

訂製更加個性化，消費者可以根據需求進行訂製。

功能更加多樣化，由單一的家務型向情感陪伴型、家庭教育型等綜合方向發展。

總之，服務機器人的發展方向就是人機互動，確切說是基於與人類之間情感和功能的延伸性互動。所以，未來的技術難點在於解決互動技術問題。

產業鏈整合障礙

正如每個產業的發展初期一樣，服務機器人的初期也存在市場培育不成熟、類型繁多而良莠不齊的現狀，產業鏈的組合中，不同的企業分擔了不同的工作職能，如組裝、系統整合、晶片等。

由此看來，未來產業鏈組合的主要障礙就是協調不同主體之間的關係。機器人市場還未形成統一標準，那麼這一標準該如何形成？是由企業制定嗎？還是由政府主導？都不是，是由市場進行選擇的。而所謂標準的形成，必須以技術和產品作為基礎，否則其存在是沒有意義的。

服務機器人潛藏的投資風險

服務機器人產業潛藏的投資風險

（1）劣品肆虐影響良品發展

服務機器人還沒有完全爆發出能量，就已經陷入了優劣的爭奪戰之中。正是因為預見到可觀的發展前景，人們紛紛投入機器人產業中去，這也使得一些低劣產品出現在機器人市場上。

在機器人博覽會的展出中，除了以日本石黑浩情感機器人為代表的幾款「人型」機器人表現可圈可點外，其餘多是智慧化互動能力低、情感適應度差的產品，只是定價較低。如果說這種產品占據了市場的主流，必定會讓消費者對整個服務機器人產業失望，使得劣品扼殺了良品的發展機會。

（2）對產品外形設計不夠重視

工業機器人主要面向生產，實則是一種資本，而服務機器人則不同，它是要面向消費者的，因此外形設計實則不容忽視。對如今市場上的機器人來說，很多都存在工業設計的「不用心」問題，逐漸已經不能為大眾忍受。

對於一款科技產品來說，科技始終是最重要的。比如機器人大會上有一些廠商展示出了外形很討喜的機器人，但製作和智慧化水準卻很低，這是不能為人接受的。我們遵循智

慧化優先的原則，但是絕不意味著外形就可以被忽視。

服務機器人是一款面向市場的消費性的產品，其要滿足的是消費者的體驗，無論從技術還是外形都要考慮到消費者的感受，如果消費者對某一個方面有明顯的失望，消費體驗自然大打折扣。

服務型機器人產業的投資思考

雖然服務型機器人的市場培育尚在初期，很多方面還不成熟，但是部分領域已經實現產業化，如清潔產品領域。未來其發展應當遵循需求場景的挖掘和創造與創新技術並進的路線，兩者以交替共進的方式促進行業的整體向上發展，此外還有新技術、新產品的產出及政策支持的影響共同幫助產業的延伸與發展。

從行業和投資角度來看，可以從以下幾個角度對服務型機器人的未來發展進行評估：

（1）重點關注有潛力的平臺型公司。機器人產業的發展需要更多上游基礎零件、技術等支持，因此越來越多的企業向產業上游集中，主要領域有晶片製造、系統研發、引擎開發等。

（2）重視在細分領域能站住腳跟的公司。立足於特定場景，有創造新場景的能力，對行業資源進行有效整合。

（3）基於服務型機器人的發展現狀及產業日漸成熟的特徵，筆者認為投資者應當更加關注對服務機器人板塊展現出興趣或者已經切入該領域的公司。

另外，由於服務型機器人尚處於新生期，缺乏發展經驗，因此存在需求低於預期、行業競爭壓力大、技術存在瓶頸等風險。

服務機器人改變未來生活

服務機器人開啟智慧新生活

隨著工業機器人覆蓋率的不斷提升，服務機器人也潛移默化地滲透進了人們的生活，為人們的生活帶來了便利的體驗及貼心的服務。

服務機器人按照使用者及使用環境的不同，可以分為兩類：一類是服務於家庭及個人的服務機器人，比如應用在兒童教育領域的教育機器人；另一類是專業服務機器人，比如應用在醫療領域的康復機器人、手術機器人等。

醫療領域的輔助機器人、康復機器人及醫療機器人等也存在巨大的市場需求。此外，服務機器人在家庭領域的應用在未來也會成為一種時尚。

以醫療機器人為例，廣泛應用於醫療領域的達文西機器人，正在給醫療技術帶來巨大的變革。這款機器人集結了高畫質 3D 視野、去除人手生理性震顫的穩定操作、高度靈活的 7 自由度手腕等功能和特點，可以幫助外科醫生更精準、

高效地完成腹腔、骨盆腔等手術。

有數據統計，目前達文西機器人已經在全球 300 家醫院實現了安裝，同時還有 2,000 家醫院正在申請使用。達文西機器人以其精準、微創的手術效果受到了外科醫生以及患者的廣泛好評。未來醫用機器人還將具有更大的市場空間。

從消費屬性來看，未來服務機器人市場的發展空間要大於工業機器人，服務機器人在人們生活中將會擔當越來越重要的角色。

與工業機器人相比，服務機器人對智慧及硬體的要求更高，人工智慧及計算能力、儲能技術等硬體技術的落後性，將會限制服務機器人的應用場景。如果服務機器人能在未來實現突破，那麼全能型機器人的誕生將會成為可能。

服務機器人如何改善人類生活

在人們的傳統認知中，機器人是用來在生產工廠中取代人類進行產品生產的機械產品。然而隨著更多的智慧居家裝置的出現，人們越來越渴望擁有高度智慧化的服務機器人來提升自己的生活品質。近年來，蘊藏著巨大潛力的服務機器人市場成為資本界的「寵兒」，越來越多的企業開始向這一領域進軍。

為全球絕大多數機器人提供晶片的科技大廠英特爾公司

的高階主管表示，未來的機器人將更加智慧、更加複雜。比賽展示區中的迎賓機器人、廚師機器人、按摩機器人等多種類型的服務機器人的出現，使人類距離服務機器人的推廣普及更近了一步。

雖然服務機器人相比於工業機器人來說尚不成熟，但服務機器人的發展十分迅速。近年來，服務機器人的應用範圍越來越廣，機器人企業產品從工業領域向居家服務、餐飲服務、教育娛樂等領域快速發展，不斷湧現出的服務型機器人產品使消費者享受到了更加智慧、舒適、便捷的服務體驗。

目前在市場中頗受歡迎的「掃地機器人」一般僅有單一的掃地功能，因此許多消費者在真正購買這種產品後，會感受到巨大的心理落差，認為其更像是一個智慧化的家用電器，與自己心中期待的多種功能的服務機器人相去甚遠。據業內研究機構進行的調查顯示，有超過 60% 的消費者對掃地機器人產品感到失望。

此外，過高的價格也是限制服務機器人普及的一大障礙。以掃地機器人來說，最為普通的產品也在千元以上，而類人型態的掃地機器人產品價格更是達到了幾十萬甚至是上百萬美元。一些服務機器人製造商表示，服務機器人的售價之所以如此之高，就是因為它們採用了大量的「關節」，而目前這些關節的成本價格一直保持在較高的水準。

微軟帝國的締造者比爾‧蓋茲在其一篇題為《A Robot in Every Home》（每個家庭都有一個機器人）的文章中，對機器人的價格問題進行了描述：當機器人普及時，當人們都能消費得起機器人產品的時候，人們的生活、工作、交流等將會因此而發生巨大的改變。

雖然價格與技術阻礙了服務機器人產業的發展，但是世界各國仍對未來服務機器人產業的前景十分看好，並為此制定了相關的長期發展策略。

日本開啟「智慧高齡化」時代

近幾年來，大量「仿生機器人」湧入日本勞動力市場，並主要集中於咖啡銷售、銀行諮商、老年護理等領域。

雀巢日本宣布，其將推出 1000 個「人型機器人」在零售店擔任咖啡壺銷售的工作。這些機器人由日本最大的軟體零售商「軟銀（SoftBank）」以售價 2000 美元的價格提供，能夠與人進行情感式的交流，不僅能理解 75% 以上的對話，還能夠解讀人的情緒。

2015 年 2 月，日本最大的銀行三菱 UFJ 金融集團宣布，其下屬兩家支行將試用「NAO 機器人」擔任銀行櫃員。由法國奧爾德巴倫機器人研究公司研製的這款機器人具備強大的人工智慧，兼備惹人喜愛的外形，智商、情商雙高，能夠

領會到人的情緒，與人的溝通更加自然親切。

機器人的研發是構成日本經濟成長的重要組成部分。政府的大力支持無疑為機器人的研發、生產及投入使用開啟了綠燈，安倍曾明確指出，要讓日本的機器人產業在未來幾年中達到 240 億美元。因此，就發展趨勢來看，10 年之內日本該產業規模將有望突破 700 億美元。尤其是在日本社會目前面臨勞動力短缺的窘境，機器人的加入無疑會緩解這一壓力。

2020 年奧運會將在東京舉行，安倍晉三計劃把這屆奧運會稱第一屆「機器人奧運會」。在 2014 年接受採訪時安倍晉三就著重強調了政府對機器人產業的重視，「我們要讓機器人成為經濟成長策略的重要支柱」，真正實現機器人產業革命。

隨著出生率的下降，日本的勞動力數量也在降低，2005 年到 2025 期間，日本可能會有 1400 萬勞動力退出勞動市場。截至 2014 年，日本已經有 100 萬的機器人投入工業生產中，居於世界第一位。預計在 2030 年，機器人的投入還會繼續加大，數字將翻倍。

隨著人口高齡化加劇，老年人人口在日本人口結構中所占比例不斷加大，巨大的社會福利支出給經濟造成了不小的負擔，因此政府官員希望機器人能夠進入老年人護理領域，緩解這一領域的壓力。

日本政府投入了過億美元來研發老年人護理型機器人，比如「海豹機器人」安撫老人的焦慮感等。透過科技的不斷進步，機器人的生產成本也在下降，由過去的數十萬元降到只需幾千甚至幾百美元。

如果能利用機器人來照顧老人，日本政府在這方面的福利支出將能夠至少縮減 210 億美元，並且隨著機器人在這一領域的規模使用，該行業會形成全球性的巨大影響。

Henn na：首家全機器人服務酒店

2014 年 7 月，日本推出了第一家全部由機器人充當服務員的酒店。該酒店位於日本長崎縣，員工由 10 個「仿生機器人」組成，這些機器人是 KOKORO 公司創造的，具備人的諸多特徵，如呼吸、眨眼等，甚至還通曉數國語言。

日本政府為這家酒店提供了強而有力的資金支持，而這也發出了一個訊號，日本的勞動力市場正在向機器人市場邁進，目的在於緩解勞動力短缺的壓力。

與機器人服務員進行「模擬」交流

「Henn na」是這家機器人酒店的名字，取「奇異、變化」之意，並以「進化的承諾」作為自己的產業標語。隨著酒店在 2015 年 1 月正式與外界見面，酒店的細節也漸漸浮出水面。

酒店設立於日本長崎縣豪斯登堡內，擁有 72 個房間，每間每晚的定價暫定為 60 至 153 美元。酒店的 10 名機器人服務員外形均為女性，她們分擔櫃檯、打掃等職位。

其中，4 名「仿生機器人」被放置在櫃檯，負責為客人辦理入住。她們精通日語、韓語、英語等多國語言，客人可以與他們進行語言、肢體、眼神等交流。4 名「仿生機器人」負責打掃和搬執行李等工作，當你辦理好入住手續之後，會有機器人來幫你拎行李，如果你有其他需求，比如洗衣服、吃飯、喝咖啡等，她們也會協助你。

　　不過，機器人並不是這家酒店智慧化的全部，先進的智慧裝置也是其一大亮點。你可以使用臉部辨識系統進入房間，省去了房卡的煩瑣；進入房間之後，智慧溫度系統會監測到你的體溫並進行自動溫度調節；當你需要房間服務的時候用平板電腦就可以做到；另外，還有太陽能裝置為你隨時準備好溫度適宜的洗澡水。

價格昂貴的「仿生機器人替身」逐漸普及化

　　「Henn na」酒店的機器人服務並不是噱頭，也不是一次性的試驗，而是作為一個產業準備大範圍推廣。豪斯登堡董事長澤田秀雄（Hideo Sawada）提出，將在多個地點推出此類旅館，這些酒店兼具人性化、科技化、現代化、高效率的特點，能夠提供優質服務。他宣布，未來將會在全世界建立1000 家以上這樣的酒店，機器人服務占比將超過 90%。

　　實際上，機械機器人早已屢見不鮮，它們能夠從事各種

機械化的工作，但早期往往缺乏人的敏捷和感性化表現。如
2001 年出現的仿生機器人，動作機械，體積笨重，被認作是
笨拙的炫技行為。

2003 年，KOKORO 著手開始「仿生機器人」的研發，
大阪大學提供了情緒反應人型的模型。2010 年，「仿生機器
人」開始投入到醫學實驗當中去，擔任照顧患者的工作。此
外，這類機器人還可以作為演員的替身，甚至一些富豪也會
私家訂製自己的「仿生機器人替身」，但價格非常昂貴，高
達 22.5 萬美元。

當然，隨著科技和經濟的發展，這些昂貴的「仿生機器
人」正逐漸走入各行各業，脫去那層神祕的外衣，成為較為
普遍的裝置。

第 7 章

家用機器人與智慧生活

家用機器人的現狀與發展趨勢

物聯網時代的家用智慧機器人

1999 年，美國麻省理工學院首次提出了「物聯網」（In-ternet of Things）這一概念。新世紀以來，隨著智慧技術的不斷發展，物聯網已經像網際網路一樣逐漸被人們所熟知。簡單來講，物聯網就是藉助訊息感測器，進行物與物、物與人、以及所有物品和網路之間的訊息共享與連線，從而實現智慧化的辨識、定位、監控、管理。

物聯網是對網際網路技術的線下應用與擴展，被稱為電腦、網際網路之後的第三次資訊化革命浪潮，其發展的靈魂和關鍵是圍繞使用者體驗進行的創新。從這個角度而言，物聯網將對現有的產業生態和人們的日常生活方式造成巨大的衝擊、顛覆和重塑，並最終形成「萬物互聯」的新形態，為人們建構一種更加智慧化、個性化、舒適化的生活方式。

其中，家庭智慧機器人是物聯網技術發展的主要領域之一，並將成為物聯網時代家庭智慧化生活的核心。

　　家庭智慧機器人是指為人們家庭生活服務、幫助人們從事家庭事務的智慧機器人，如電器的修理維護，物品的搬運，房間的清洗打掃，病患、老人、小孩的監護照料等。按照不同的功能範圍，家庭智慧機器人主要分為電器機器人、娛樂機器人、廚師機器人、搬運機器人、移動助理機器人等。

　　隨著技術上的發展突破，智慧機器人將在家庭生活中得到更廣泛的應用，並將在智慧居家生態系的打造中發揮越來越重要的功能。因此，家庭智慧機器人將成為建構家庭物聯網的核心終端和訊息中樞。

　　在 2008 年之後，全球金融危機的背景下，機器人產業卻逆勢發展，展現了驚人的生命力，全球成長率接近 30%。而隨著機器人應用從工業到特種產業再到民用領域的擴張，家庭智慧機器人也被普遍認為是當前及以後最具發展前景的新興產業之一，甚至成為拉動世界經濟成長的新引擎。

　　市場情報研究機構 ABI Research 的統計數據顯示，早在2012 年，世界範圍內的家庭智慧機器人消費規模就達到了 16 億美元。而 IFR（International Federationof Robotics，國際機器人聯合會）則指出，2013 至 2016 年家庭智慧機器人的銷售量將達到 2,200 萬臺。其中，家務機器人銷量猜想為 155 萬臺，市場規模將達到 56 億美元；娛樂機器人和教育類機器

人的銷量也將分別達到 350 萬臺和 300 萬臺。

同時，隨著核心智慧技術方面的突破，特別是學習與共享知識雲機器人技術的發展，家庭智慧機器人的生產成本不僅將大幅降低，而且智慧機器人將擁有更強的「學習」、「思考」能力，從而優化使用者體驗，吸引和黏住更多使用者，極大地拓展家庭智慧機器人的市場規模和發展空間。相關機構預測，到 2020 年，小型家庭智慧機器人的新增市場規模將達到 416 億美元。

從亞洲各國的發展來看，日本在家庭智慧機器人的研發應用方面，處於世界領先地位。2010 年，其家庭智慧機器人的產量達到 4 萬臺，占據全球總產量的一半左右。另外，韓國在 2010 年個人服務型機器人的產業規模也達到 1,717 億韓元；同時，韓國政府也在極力推動家用智慧機器人的研發應用，並提出到 2020 年將家務智慧機器人推廣到每一個家庭的策略發展計劃。

家用機器人的趨勢及發展策略

家用機器人的發展趨勢

（1）高齡化人口及身心障礙人士的需求

當今，日益增多的高齡化人口是壓在肩膀上的一個重

擔，毋庸置疑，國家需要投入大量的人力、物力和財力來照顧老年人口及身心障礙人士，這對於經濟發展來說是一項重大的挑戰。而專門從事護理工作的家用機器人的誕生和應用，不僅可以幫助緩解壓力，同時還可以透過專業的護理對老人和身心障礙人士進行精心照料，提高他們的生活品質，讓他們保持更加樂觀、積極的生活態度。

（2）生活娛樂的需求

當前的娛樂生活不僅形式單一，而且過於傳統，難以滿足人們日益高漲的娛樂消費需求。而隨著家用機器人在生活中的廣泛應用，開始出現專門提供娛樂功能的智慧機器人來供人們消遣娛樂。

（3）新生活方式的需求

與其他機器人相比，家用機器人可以廣泛應用於廣大的普通家庭，因此能夠成為大眾化的消費產品。而家用機器人的應用也滿足了人們對新生活方式的追求，有利於推動國民經濟的進一步發展。

發展家用機器人的策略

關注家用機器人產業市場

在家用機器人的產業鏈中，軟體市場和感測器市場是重

要的組成部分。因此，要想控制好家用機器人的產業發展，就需要準確把握軟體市場的發展方向。而在家用機器人的元件中，核心的感測器主要是依靠進口，價格昂貴，而擁有發達核心技術的國家也不會將具體的技術傳授給我們，這在一定程度上限制了家用機器人產業的發展。因而，國家要將更多的精力放在家用機器人產業市場上，時刻掌握市場動向，不斷提升機器人技術水準。

加強產學研的結合

　　大學或研究機構的學術研究成果與企業生產的結合，對於提高機器人技術水準具有重要的價值。學術研究成果可以應用於企業的生產，而企業的生產在一定程度上也可以推動學術研究的開展。因此，國家應該積極鼓勵大學或研究機構將研究成果產業化，加強產學研相結合，提升家用機器人的發展水準。

　　隨著家用機器人技術的不斷創新和提升，家用機器人正在逐漸成長為一個新興的產業。要將家用機器人實現更廣泛的覆蓋，需要企業及研究機構的共同努力，實現雙方的技術共享和訊息共通，將家用機器人產業推向一個新的高度。

　　當前，我們應該結合國內的社會環境及技術發展水準，運作好低階機器人市場，穩定推進機器人產業向高階市場的方向發展。

家用機器人帶來的生活體驗

智慧家用機器人是一款可以利用 Wi-Fi 無線區域網路控制任意移動的機器人，桌上型電腦、筆記本、智慧型手機、PSP、Wi-Fi 遙控搖桿等都可以在網路環境下對機器人進行控制，使用者也可以透過網路對家用機器人進行遠端操控。執行中的智慧家用機器人不僅可以對家中環境進行隨時監測、傳遞聲音和影像、根據設定的路線巡視，同時還有拍照、自動 E-mail、導航等功能。

智慧家用機器人的 Web 網路操作介面一般比較簡單，透過機器人身上的導航系統，就可以對機器人的運動線路進行導航設定和控制，讓其按照提前設定好的路線自動進行巡航。而且，智慧家用機器人身上的前 IR 雷達可以幫助其規避障礙物，並且不會影響到原有的導航路線。另外，智慧家用機器人所具有的自動返航充電功能，可以讓其在電量不足的情況下透過人為控制或者自動導航返回充電器充電。

操作者利用手機或者其他移動裝置的操控，可以全方位、全形度地觀看機器人傳輸的影片，同時也可以聽到現場的聲音。操作者還可以透過控制端的麥克風與現場人員進行互動。各種操控裝置也可以透過 Web 的方式訪問機器人的控制介面，開展跨平臺操控。

下面，我們就來了解一下智慧家用機器人在家庭生活中的應用。

智慧燈光系統

　　智慧家用機器人只需要採用智慧無線遙控開關插座就可以對燈光進行智慧控制，可以採用多種智慧控制方式對房間內的燈光進行一對一開關、調光及針對區域燈光的開關控制，同時還可以實現一鍵自由切換，省去了跑上跑下關燈的麻煩，同時也讓使用者不需要再面臨摸黑開燈的問題，創造了一種節能、方便、舒適的智慧居家照明環境。

　　對於已經裝修好的房子，使用者不需要重新施工就可以直接設定主機控制無線開關插座，保留原有智慧住房中燈和電器的原有手動開關方式，充分滿足家庭內不同成員或者到訪客人的操作需求。對於已經安裝了無線遙控開關的家庭，則可以直接整合成網路智慧控制。新裝修的家庭可以安裝不同廠家的遙控開關插座，從而降低產品及施工成本。

空調系統

　　智慧家用機器人可以根據室內溫度及溼度情況進行自動調節，讓家庭成員始終生活在一種舒適的環境中。使用者不需要跑到每一個房間去調節空調旋鈕，就可以實現對家中每一個區域的溫度調控。當使用者在外面的時候還可以透過電

腦或手機預先開啟空調調節室內的溫度，當回到家中的時候即可享受到一個舒適的環境。另外，使用者即使身處異地也不用擔心空調忘關的問題，只要遠端操控就可以關掉空調。

安防及攝影監控系統

智慧家用機器人還擁有安防及攝影監控的功能，透過通訊客戶端裝置，使用者就可以隨時監控各個房間及戶外的情況，從而為家庭提供安全的保障。

智慧家用機器人採用網路無線攝影機方案，不需要布線和除錯，可以為八方區域移動偵測提供重要的支持，同時還可以連接警告探測器，對整個家庭實現全方位的布防。使用者只要透過網際網路，就可以隨時獲取家中的各種訊息。

家庭影院系統

智慧家用機器人可以操控家庭影院系統，使用者只要點選情景模式，燈光會自動調整到影院模式，窗簾會自動關閉，螢幕、各種聲音裝置會自動開啟，並將音量調節到合適的位置，自動播放使用者喜歡的影片，使用者可以實現隨時隨地的控制。

為了營造更加真實的影視效果，智慧家用機器人為使用者提供了更多可選擇的配件。使用者透過智慧居家技術數位家庭影院可以體驗到在影院看大片的視聽效果。智慧居家系

統將投影機控制、布幕升降控制、音箱控制等都整合在了一起，一鍵就可以實現對影院模式所有功能的控制，更加方便快捷。而且，使用者只需要使用繼電器、紅外線遙控器、無線遙控器等方式就可以進行設定，不需要更換裝置和布線施工。

電動窗簾、電動遮陽蓬系統

使用者透過智慧家用機器人可以對家中的電動窗簾、電動遮陽蓬等進行遠端操控。當覺得外面陽光太大的時候，可以透過觸控式螢幕關閉窗簾，開啟遮陽蓬，避免更多的光線射入。智慧家用機器人也可以透過光照感應器自動感知室內的採光情況，並對電動窗簾以及電動遮陽蓬進行自動控制。當檢測到光線太暗的時候，系統會動開啟窗簾，收起遮陽蓬，保證室內有充足的光線。

遠端網路遙控系統

智慧居家系統中擁有遠端網路控制的功能，使用者不管是身處何地，都可以透過網際網路遠端監控家中的裝置。

比如，當你出門在外的時候才想起忘了設定家中的安防系統，只要開啟移動裝置，利用網路就可以開啟安防系統；為了創造更安全的居家環境，你還可以遠端啟動燈光系統的度假模式，這樣家裡的燈光就會像家裡有人一樣自動開啟和

關閉；如果家裡的電腦裡有一個你急需的檔案，但是你卻在辦公室或出差在外，那麼只需透過網際網路就可以控制家中的電腦，將檔案傳輸到當前的電腦上。

家用機器人的技術應用與操控

家用機器人的功能與應用

在生活節奏日益加快的今天，人們的時間越來越寶貴，很少有人願意在繁忙的工作之餘應付一大堆繁重的家務勞動，於是，智慧家用機器人成了越來越多家庭的選擇。而智慧家用機器人產業也趁勢快速成長起來。

近幾年，形式多樣的家用機器人如雨後春筍般出現在了全球各地，比如，日本富士通推出的 Enon 服務型機器人和戶外安全應急指南機器人；日本三菱重工推出的家用型機器人 Wakamaru；韓國移動營運商 SK 電信同樣也推出了價格低廉的家用機器人。

家用機器人與工業機器人擁有迥然不同的功能，家用機器人既需要擔當家庭保全的角色，同時還要兼具娛樂和清潔的功能。因為家用機器人的使用者定位是普通的消費者，所以建立一個良好的人機互動平臺是家用機器人能夠實現普及應用的關鍵。

　　而當前家用機器人存在的諸多問題。比如，技術不夠成熟、生產成本高、控制方式單一、操作不便、推廣難等，成了家用機器人實現廣泛推廣和普及應用的重重障礙。鑒於當前的技術水準和資金條件，要解決家用機器人操控方式中存在的問題，有關方面的專家提出了一種新的方法，即用 Wi-Fi 無線區域網路對家用智慧機器人進行控制。

　　智慧機器人可以照料老人、陪伴和教育兒童、擔當家庭方向的角色等，機器人透過強大的語音功能可以將文字讀出，同時還能夠與智慧居家系統實現有效的結合，利用智慧居家系統獲取水、電、天然氣的使用資訊，將情況及時回饋給使用者。

　　一般來說，智慧機器人擁有強大的行走能力。使用者可以透過操控擁有移動行走能力的機器人在家中進行巡視，透過機器人自身的攝影機了解家中的全部情況，一隻智慧機器人身上的攝影機就可以取代安裝在每個房間的攝影機。同樣每個房間的音箱也可以被替代，大大降低了智慧居家系統的成本。

　　隨著機器人技術水準的不斷提升，當機器人可以實現自主移動、上下樓的時候，機器人在家庭環境中的適應能力將大大提升；當其擁有更強大的語音辨識功能的時候，就可以與家庭成員自由地聊天，給予其關懷和溫暖。

另外，家用機器人還可以兼具玩具的功能。目前許多大型的玩具廠商已經認識到了這一點，並且開始積極與研究機構開展合作，研製生產高階玩具機器人產品。在玩具機器人的發展方面，企業發揮了重要的推動作用，提供了重要的資金支撐。

　　現在很多家庭中一般只有一個孩子，孩子幾乎成了整個家庭的中心，有調查顯示，在參與調查的家庭中，有一半以上的家長都願意根據孩子的興趣為他們購買玩具。

　　物聯網是指綜合運用各種資訊感測技術，比如紅外線感應器、雷射掃描器等，將物品及位置、聲音、光、熱等資訊與網際網路連線成一個巨大的網路結構，並進行訊息交換和通訊，以實現智慧化的辨識、定位、管理和控制。

　　物聯網技術的快速發展和廣泛應用，讓人們對物聯網的未來充滿了希望。有關人士認為，未來物聯網如果能夠全部構成，那麼其所涉及的相關產業將會比網際網路大上 30 倍以上。物聯網將會成為繼網際網路之後支撐經濟發展的重要支柱性產業。而其中應用最廣泛的當屬物聯網智慧家用機器人技術，這一技術將廣泛地應用於智慧居家領域，成為智慧居家建設的核心技術，未來智慧居家的主要體系也將透過物聯網技術構築智慧居家工程綜合體系。

　　物聯網工程系統的標準化及規範化是促進智慧居家發展

的重要基礎，從 21 世紀起，智慧家庭網路系統和產品將全面覆蓋到每一個家庭中，讓每一名消費者都有機會體驗到智慧化所帶來的便捷體驗。

家用機器人的核心技術

隨著科技發展水準的提高，機器人有了更快的發展，並開始廣泛應用於生產和生活領域。家庭服務機器人在機器人市場的需求日益高漲，成為未來機器人發展的一個重要方向，也是展開機器人技術研究的重要突破口。目前有關家庭服務機器人的研究還有很大的成長空間。

隨著機器人技術水準的不斷提升，機器人已經不再是工業領域專屬，而是開始逐漸面向家庭，走進了人們的生活中，比如智慧穿戴機器人、智慧輪椅機器人、智慧玩具機器人等。

家用機器人屬於機器人產業中的一個分支領域，技術整合的特性需要多方面的共同發展。

自主移動技術

家用機器人要實現在室內自由移動，就需要有自主移動技術的支援。或許各種機器人由於功能不同所需要的輔助技術也不同，但是對於都需要有移動功能的模組來說，存在一

些共同的問題，比如機器人在移動過程中應該如何對問題進行隨時處理，如何處理整體機構的通訊整合，如何推動自主移動所需的方向控制標準化等。

移動和作業機構

　　形態各異的家用機器人不僅功能不同，其面臨的工作環境也有較大的差異，因此就需要有適應工作環境的移動和作業機構。當機器人需要完成一件事情的時候，一個單獨的機構可能難以支撐，需要的是移動和作業機構的有效結合。

　　因此，家用機器人的執行和驅動機構應該同時兼具多功能和一體化。因而要研發一款真正適應於家庭生活需要的家庭機器人，就應該保證移動和作業機構能夠適應家庭環境，滿足作業任務要求。

感知技術

　　機器人不像人一樣可以擁有神經及感覺系統，但是家用機器人在工作的過程中需要對工作環境有一個準確的判斷和處理，因此，這就需要家庭機器人具備一定的感知能力。

　　機器人中內建的感測器就相當於人的神經系統在工作過程中，家用機器人可以透過感測器獲取周圍所傳遞的訊息，並根據這些訊息做出及時的反應。多種感測系統及元件，是提高家用機器人的智慧化水準的關鍵，也是對多種資訊進行

綜合處理的重要基礎，同時也指明瞭未來家用機器人感知技術的發展方向。

互動技術

互動技術領域能夠實現長遠發展的關鍵在於視覺和聽覺的互動結合。在家用機器人中應用互動技術，就是將家用機器人當作家庭中的一名成員，並賦予其獨特的情感，與其進行良好的交流互動。因此，在家用機器人發展的過程中，我們應該不斷提升語言技術和視覺技術，並逐步建立起流暢的人機互動平臺。

自主技術

要想提高家用機器人的實用性，就應該使其學會適應不同的工作環境，同時還能處理好不同的工作任務。因此，設計者在設計家用機器人的時候，除了透過設定一定的指令來完成工作任務之外，還應該讓機器人擁有自主技術，讓它們可以用自己的思維來處理一些指令之外的問題。

網路通訊技術

隨著網路技術的不斷發展，人們對家用機器人的功能提出了更高的要求，除了能在工作現場釋出任務指令之外，利用網路通訊技術對家用機器人進行遠端操控的需求逐漸增多。

而網路通訊技術與機器人的結合，為機器人的發展創造了更廣闊的空間。利用網路通訊技術，人們可以對機器人進行遠端操控，機器人在接收到指令之後能夠獨立完成工作任務，有效彌補了機器人功能的不足。另外，導航及定位等技術在遠端操控中具有至關重要的作用。

家用機器人的操控方式

觸控式螢幕操控方式

這種操控方式最為成熟，也最有效，被大多數家用機器人所應用。

優點：觸控式螢幕操控可以隨時傳遞指令，而且機器人接收指令及反應的速度也很快。與其他操控方式相比，對周圍電磁、溫度、噪音等的干擾影響比較小。

缺點：缺乏靈活性，使用者只能靠近機器人進行操作，這就使得機器人原本的優點黯然失色。

基於 GSM/GPRS 網路的遠端操控

這是目前比較先進的一種機器人操控方式。

優點：機器人裝置簡單、實用，可靠性高，使用者不需要靠近機器人，只要利用 GSM/GPRS 網路就可以對家用機器人進行遠端操控和監測。

　　缺點：該操控系統的建構系統比較複雜，對移動通訊網路的依賴性太強，使用和維護的成本較高，而且因為受到 GSM／GPRS 網路的頻寬限制，使得家用機器人不能執行對頻寬要求較高的業務，比如影像傳輸等。

基於 Internet 的 PC 遙控操控

　　該種操控技術是機器人技術研究中的一個重點專案，目前還未投入使用。

　　優點：基於 Internet 的機器人遙控操控不受距離的限制，只要是連線 Internet 的電腦就可以對機器人進行遠端操控。

　　缺點：容易受到網路通訊寬頻的限制，而且由於該作業系統應用的前提是有 Internet，因此，TCP／IP 系統所導致的延遲也能夠影響到該操控系統。

基於 Wi-Fi 無線網路的 PC 操控

　　利用 Wi-Fi 無線網路在電腦上對家用機器人進行操控也是一種比較常用的操控方式，加拿大 DrRobt 和美國 iRobot 等公司生產的家用機器人都應用了這一種操控系統。

　　優點：作業系統簡單、價格便宜、推廣便利。

　　缺點：PC 攜帶不方便，不能充分利用無線網路及移動機器人的優勢，在家用機器人的操控方式中缺乏優勢。

紅外線遙控

優點：該種操作方式通用性強，在操控家用機器人的同時，還可以操控其他家用電器。

缺點：穩定性差，容易受到磁場、溫度、溼度等因素的影響，可遙控的距離有限，頻寬窄、傳輸慢等。

語音控制

語音控制是一種最具研究潛力的控制方式。

優點：可以實現良好的人機互動，使用者不需要掌握專業的知識，只要用語音發出指令，機器人就可以執行工作指令，為消費者提供了極大的便利。

缺點：語音辨識技術不夠成熟，對語言的分辨能力較差。

家庭清潔機器人的發展概況

家庭清潔機器人的市場概況

在家用智慧機器人中，家庭清潔機器人是發展較早和較為成熟的類型，也是智慧移動機器人研發應用的先導者。在 20 世紀 80 年代，一些國家就開始了吸塵機器人的研究：2006 年，世界清潔業大廠德國 Karcher（凱馳）公司，研發製造出世界第一臺 RC3000 智慧清潔機器人。

RC3000 智慧清潔機器人內建光電感測器和晶片控制系統，能夠在工作時自動規避障礙物；同時，該款智慧機器人還能根據使用者設定的訊息自主行動，如自動回到充電站完成充電、對垃圾進行處理等。因此，與傳統清潔機器人相比，RC3000 智慧清潔機器人能夠自動完成所有的地面清潔工作，具備更高的智慧性。

家庭清潔機器人是服務智慧機器人的重要品項之一，能夠為人們提供家庭的清潔打掃服務，是建構家庭物聯網和智慧居家生活方式的重要環節。家庭智慧清潔機器人融合了機

械學、電腦電子技術、感測控制技術、人工智慧等多個領域的研發應用技術，能夠將家庭成員從煩瑣的家庭清潔工作中完全釋放出來，為人們帶來更優根本性的智慧生活體驗。

當前，家庭智慧清潔機器人主要包括以下兩大類：

一種是智慧拖地機器人（包括乾洗和溫洗），主要是透過噴水後再吸水實現對家庭環境的清潔。

二是智慧掃地機器人，主要靠吸力進行衛生清潔。

這一類機器人有著較長的發展歷史，當前研究主要集中於增強其智慧化方面。比如，在智慧掃地機器人中內建一個類似電腦 CPU 的中央控制晶片系統，使機器人能夠按照人們的預先設定，自動完成房間的清潔、垃圾的處理，並能根據動力狀態自動完成充電。同時，當前智慧掃地機器人的應用範圍也更加廣闊，幾乎能夠適用於木板、地磚、地毯等所有地面。

隨著智慧技術的進一步發展完善，以及人們對智慧化居家生活的青睞，智慧掃地機器人將會越來越多地走入日常家庭生活中，成為家庭清潔工作的主要承擔者。例如，有關數據顯示，在 2013 年的家庭掃地裝置市場上，北美和 APAC（亞太地區）的市場規模都為 22 億美元，其中智慧掃地機器人市場分別占了 18% 和 16%；EMEA（歐洲、中東和非洲地區）的這一數據則為 25 億美元和 20%。

　　智慧掃地機器人的市場規模一直保持著高速成長，具有十分廣闊的發展前景。2013 年家庭掃地機器人的市場規模就超過了 12 億美元，占掃地裝置市場的 18.1%；2013 至 2015 年的複合成長率也達到了 21.8%，在掃地裝置市場中的占有率不斷提高。

　　整體來看，隨著智慧化、網際網路、物聯網等技術的發展完善，家庭智慧清潔機器人在進入新世紀後呈現出了十分強勁的發展勢頭，成為發展較為成熟、應用較為普遍的家用智慧機器人品類。從世界範圍來看，在該類機器人研發應用中居於領先地位的國家，仍然是美國、德國、日本、瑞典、韓國等傳統的機器人強國。

　　2002 年，iRobot 公司成功推出了吸塵機器人 Roomba，開拓了機器人應用的新領域 —— 居家服務機器人；2006 年，德國 Karcher 公司研發了世界第一臺完全自動化的清潔機器人 RC3000，進一步推動了家庭智慧機器人市場的發展。

iRobot：家庭清潔機器人領域的拓荒者

　　麻省理工學院機器人專家科林‧安格爾（Colin Angle）、海倫‧格雷納（Helen Greiner）和羅德尼‧布魯克斯（Rodney Brooks），於 1990 年在美國麻薩諸塞州的貝德福德聯合創立了 iRobot 機器人公司，成為家庭服務機器人領域的開拓

者和先行者，並致力於家庭清潔機器人領域的產品研發和市場布局。2002 年，iRobot 公司成功研發了吸塵機器人 Roomba，使機器人產品的應用範圍拓展到家庭服務領域。

2005 年，iRobot 公司在美國那斯達克進行了 IPO；2013 年，公司僱傭員工數量發展到 528 人，創收 4.87 億美元，占全球家庭清潔機器人市場占有率的 60% 多；2014 年上半年，公司收入達到 2.54 億美元；2014 年 8 月，iRobot 公司的市場估值達到 10.1 億美元，成為世界領先的家庭清潔機器人公司。

具體來看，iRobot 公司的業務主要有兩大類：居家清潔機器人和軍用機器人。前者目前以智慧掃地和拖地機器人為主，後者的應用領域則集中於戰場偵察和炸彈處理。其中，家庭清潔機器人由於研發成本相對較低、市場需求更加廣闊，成為 iRobot 公司產品布局的重心，也為其研發更高級的機器人產品提供了資金支持。

從發展歷程來看，自 2003 年 iRobot 實現首次盈利以來，在之後 10 多年展現了強勁的發展勢頭，創收能力不斷提升：2013 年營收 4.87 億美元，利潤為 2,764 萬美元，環比成長了 59.8%；2014 年上半年，公司創收 2.54 億美元，同比成長了 7.35%。

在產品方面，iRobot 公司將策略重心放在了家庭服務機器人領域。隨著世界範圍內家庭服務機器人市場的不斷拓展，該業務也成為 iRobot 公司 2011 年之後的最主要創收管道：2013 年，家庭服務機器人產品的銷售額占公司總銷售額的 88%。同時，海外市場正成為 iRobot 的主要創收來源，2013 年的收入占比達到 59%。

在家庭清潔機器人領域，iRobot 公司一直在世界範圍內處於領先地位。強大的品牌影響力和完善的行銷網路，使 iRobot 在世界各個地區的家庭清潔機器人市場中都占據著絕對的優勢。2013 年，iRobot 公司占據全球清潔機器人市場占有率的 18.1%；其掃地機器人產品在北美、EMEA 和 APAC 三大地區的市場占有率分別達到 83%、62% 和 67%；2014 年，iRobot 家庭服務機器人的市場規模同比成長 19% 左右。

整體上看，經過多年的市場布局和使用者培育，iRobot 公司的產品正受到越來越多使用者的認同，具備了強大的品牌影響力和較高的市場忠誠度。同時，面對家庭服務智慧機器人這個新興的、具有廣闊市場前景的領域，iRobot 也積極利用自身的先發優勢，圍繞更多的居家功能進行智慧家庭服務機器人的研發。

第 8 章

機器人在農業與軍事中的應用

機器人 X 農業

農業機器人

機器人擠奶

目前，機器人在英國的乳牛場中有著極其廣泛的應用，其中絕大多數的乳牛場已經實現了自動擠奶。以劍橋大學乳牛場為例，擠奶全部由智慧機器人完成，不需要進行任何人工操作。當奶牛需要擠奶時，它們會主動排隊等待機器人提供服務。在為奶牛進行擠奶時，機器人首先會對奶牛乳房進行自動定位，接著對乳房進行消毒，將吸奶器固定之後，完成擠奶工作。

除負責擠奶外，機器人還能對牛奶的品質進行檢測，比如牛奶的糖分、顏色、脂肪、電解質、蛋白質等都是機器人要檢測的專案，品質不合格的牛奶，會自動裝入專門用於儲存廢奶的容器中；即使是合格的牛奶，為了保障牛奶的品質，機器人也會將最初擠出的一小部分牛奶作為廢奶處理掉。

另外，機器人還可以自動統計並分析奶牛的健康狀況、產奶量、擠奶頻率等，並將其儲存到系統中，一旦發現存在數據異常，機器人可以自動發出警告。

機器人的應用使牛奶的產量及品質得到大幅度提升，據業內公布的數據來看，使用機器人後，牛奶的產量可以提升20% 至 50%，奶牛的發病率也得到有效降低，減少了人工成本的投入，為企業帶來了巨大的價值。

放牧機器人

有著「騎在羊背上的國家」之稱的澳洲，畜牧業不僅規模巨大，而且有著極高的科技含量。

澳洲創造的出的一種放牧機器人，能在農場上替代傳統的放牧勞動力。它擁有先進的感應系統及全球定位系統，能自動檢測牛群的運動速度並驅趕牠們移動。目前，這種機器人仍舊處於測試階段，經過一段時間的完善後，將會正式投入使用。

施肥機器人

美國一家農業機械公司發明出了一種施肥機器人，這種機器人可以對不同的土壤進行檢測，計算出精確的施肥量，從而有效提升施肥效率，降低生產成本。此外，應用施肥機器人後，以往由於過度施肥所造成的水質汙染問題也得到了有效的改善。

除草機器人

德國發明了一種能夠精確控制除草劑用量來進行除草的機器人，這種機器人應用電腦技術、全球定位系統等高科技手段，在農場工人攜帶機器人進行作業時，機器人的 GPS 定位系統能夠對田間的雜草的位置進行記錄。

農場工人將這些訊息儲存到電腦後，工人駕駛拖拉機進入農田工作時，除草機器人能對拖拉機的位置進行精確監測。達到雜草區後，除草機器人的噴霧器系統會自動啟動，從而實現精確除草。

葡萄園機器人

在法國有一種為葡萄園服務的機器人 Wall-Ye，它可以取代絕大部分工人的工作，比如監測土壤、施肥、修剪枝蔓、去除嫩芽等。

最為關鍵的是，這種機器人還擁有一項現有的種植園機器人不具備的功能 —— 安全系統。Wall-Ye 只能在經過電腦設定好的特定葡萄園工作，如果發生意外事件，它能夠自動啟動安全系統，從而避免形成較大的損失。

育苗機器人

育苗過程中，工人的大部分勞動都是在移動盆栽植物，這種工作枯燥乏味，而且效率較低。美國發明的育苗機器人可以有效解決這一問題，其核心零部件主要包括抓手、托盤及滾動輪胎。工作人員只要在操作臺上輸入某一地點，機器人即可自動抓取盆栽，並快速將它們送至目的地。

種植機器人

德國創造出了一款種植機器人，並命名為 BoniRob，其具有的高精度定位系統能將地理位置誤差控制在 2cm 以內。從外形上看，它十分像四輪越野車，這種機器人能夠透過光譜成像儀來辨別農作物及土壤，並對每株植物的位置進行記錄，定期對處於生長期中的作物生長情況進行統計。

揀選果實機器人

農業生產領域，對不同的果實進行揀選是一項十分繁重的工作，實踐中需要投入大量的人力、物力。英國研究出的一種揀選果實機器人，能夠對不同的果實進行自動揀選，憑藉其經久耐用、操作簡單的優勢獲得了廣泛的應用。

這種機器人能夠在潮溼泥濘的農田環境中行走自如，透過光電影像辨識及揀選系統，不僅能夠按照大小對果實進行

揀選，還能有效區分相似度較高的果實，比如番茄與櫻桃，並且不會損傷果實的外皮。

蜜蜂機器人

　　哈佛大學的一位研究人員研發了一種外形酷似蜜蜂的機器人，所示，它能夠取代蜜蜂完成植物的授粉工作。另外，這種機器人可以應用到災後的調查、搜救工作中，其續航能力強、體積小的優勢使它可以在災後發揮出驚人的價值。

採摘蘑菇機器人

　　英國是世界上蘑菇產量較大的國家之一，近年來，英國人的蘑菇食用量持續成長。目前，蘑菇已成為僅次於馬鈴薯和番茄之後的英國人民最喜愛的食物。蘑菇種植業在英國規模十分龐大。據英國公布的數據來看，每年英國的人工採摘蘑菇規模平均為 11 萬噸。為了提升蘑菇的採摘量，減少人工成本投入，英國一家農機研究機構研發出一種可以自動採摘蘑菇的機器人。

　　這種機器人透過攝影機與視覺影像分析系統，可以統計蘑菇採摘量並對蘑菇的品質進行鑑定。由機器人的紅外線測距儀測算出蘑菇的高度及距離後，採摘裝置就會自動調整合械臂的彎度及長度，採摘後能自動將蘑菇放至運輸機中。

　　採蘑菇機器人相比人工來說，工作效率得到大幅度提

升，以往人工採摘每分鐘可採摘 20 個蘑菇，應用機器人後，蘑菇採摘速度可達每分鐘 40 個。

無人機應用於農業

在農業領域，無人機讓人們印象最深刻的應用可能就是農藥噴灑。由於無人機安全高效、容易操作、成本低廉等優勢，其在農業領域中深受人們的喜愛。目前無人機在農業領域中的應用範圍十分廣泛，下面對其幾種典型應用進行重點說明。

農田藥物噴灑

藥物噴灑在農用無人機中具有極其重要的地位，與傳統的人工噴灑農藥相比，無人機噴灑農藥高效環保、自動化、易操作、精準度高，並為農戶節省了人力成本及購置裝置成本。目前，有許多地區都在使用無人機進行藥物噴灑作業，使得廣大農戶充分感受到了無人機給農業種植帶來的巨大變革。

農田資訊監測

無人機農田資訊監測主要包括農作物生長狀況、病蟲監測及灌溉監測等，它透過遙測技術、空間資訊科技對農田進

197

行空拍，並根據空拍得到的相關數據動態掌握農作物的生長環境、生長狀態等多項指標。透過無人機實施農田資訊監測，農民可以及時掌握土壤狀態、病蟲災害、灌溉效果等訊息，從而有效減少損失，進行高效的農田管理。相對於傳統資訊監測手段，無人機在農田資訊監測方面還具有時效性強、數據精準、覆蓋範圍廣等方面的優勢。

早在 2002 年，美國就已經將無人機應用到農田資訊監測方面，其研發的 Pathfinder-Plus 太陽能無人機裝備有超高解析度的彩色多光譜成像儀，Kauai 咖啡公司將該產品用於掌握 1500 公頃咖啡種植區的施肥、灌溉、蟲害、雜草等方面的即時資訊。而西班牙研發的農田資訊監測無人機，配有專業的光譜成像裝置，能夠對 400 至 800nm 光譜範圍內的農作物葉片中的胡蘿蔔素含量進行監測，從而精確掌握葡萄樹的生長狀況。

農業保險勘察

農作物在生長過程中必然要經歷病蟲災害，這使農民遭受了一定的損失，甚至有時候會因為處理不夠及時，而造成沒有收成的局面。對一些僅有少量田地的農戶，保險公司僅用傳統手段對農作物受災面積進行勘察，就能得到理想的數據，但是如果是那些擁有上千畝甚至上萬畝土地的客戶，傳統勘察手段不僅耗費大量人力、物力資源，而且勘察結果還

會存在較大誤差。

為了更加精準高效地得到受災面積數據，完成農業保險災害損失勘察工作，保險公司開始將無人機應用到農險保險賠償領域中。其高解析度、反應時間短、機動能力強的優勢，使無人機能夠快速高效地完成受災勘察任務，而且由於其多採用模組設計，維修保養成本也十分低廉。

農業保險勘察無人機能透過空拍獲得農作物受災的大量數據，保險公司人員透過技術手段對圖片進行處理後，保險公司就可以得到準確的受災面積數據，而且透過這種高科技手段得到的處理結果，也更容易被農戶接受。

透過無人機對受災面積進行測定，有效解決了保險公司勘察困難、缺乏精確度等問題，大幅度提升了勘察的效率，從而在較短的時間內完成對受災農戶的賠償工作，幫助農戶盡快度過危機。

在農業領域，無人機除了以上三種典型的應用外，還能幫助農戶進行播種、施肥、授粉等工作。近年來，由於農用無人機的快速發展，利用無人機開展農作物播種、授粉、化肥施撒作業在各地開始興起，與傳統方式相比無人機具有以下優勢：

利用無人機進行播種、施肥、授粉等工作，可以節省人力投入，將農戶從繁重的農田作業中釋放出來，推動實現規模化生產。

無人機小巧靈活，便於運輸。

　　無人機不受外界環境限制，具有極強的適應能力。

　　無人機只需要農戶透過地面遙測控制裝置，就能對其進行控制，無須人工駕駛，能有效減少人員傷亡情況的發生，具有較高的安全性。

DJI 無人機：從創客到領導者

　　隨著無人機需求的不斷上升和無人機技術水準的不斷成熟，無人機開始變成一種炙手可熱的產品，而專注於無人機研製的 DJI 也憑藉其小型無人機一夜成名，其產品也被冠以各式各樣的榮譽稱號，比如「全球最具代表性的機器人之一」、「十大科技產品」、「2014 年傑出高科技產品」等。在無數光環的背後，DJI 經歷了怎樣的成長呢？

　　DJI 是一家專注於民用小型無人機研發和製造的公司，從創立至今已經有近 10 年的時間，目前，DJI 已經在全球民用小型無人機市場上確立了自己的市場地位，並占據了 70% 的市場占有率，公司的業務主要集中在歐美市場。在過去的兩年時間裡，DJI 在無人機市場的利好環境下實現了快速成長，員工數量也從過去的 300 人激增至 3500 人，其中研發人員就有 1000 人。

　　DJI 的成功要歸結為以下幾個重要的因素。

一個專注於產品的公司

從 DJI 公司的發展歷程可以看出，除了最初創立的三年，DJI 在專注搞研發之外，從 2009 年開始，DJI 每年都會推出一款新產品。2012 年推出的「DJI Phantom1」，受到了眾多愛好者的歡迎。而 DJI 將原本簡單的無人機飛行延伸至空拍之後，不僅豐富了無人機的功能，同時也為攝影開啟了一種新局面。

在隨後的幾年時間裡，DJI 依然沒有放慢腳步，根據使用者的體驗回饋不斷推動產品的更新換代。

第一代「DJI Phantom」，支援懸掛微型相機，實現空拍功能，在失控情況下能夠自主返航。

2013 年推出的第二代「DJI Phantom」則配置了高效能相機，不僅可以拍攝高畫質照片，同時還能錄製影像，並實現隨時回傳，其中內建有 GPS 自動導航系統，可以精準鎖定要拍攝的位置及高度，並實現穩定懸停。

2015 年推出了第三代「DJI Phantom」，內建有高畫質數位影像傳輸系統，可以在 2 公里的範圍內實現影像傳輸，同時飛行器中還有視覺及超音波感測器，能夠讓其在無 GPS 的環境下也能實現準確的懸停及平穩飛行。

DJI 創辦人將公司的成功歸功於對產品始終如一的專注態度，透過對產品的不斷追求和創新，DJI 也收穫了一大批

忠實的顧客。新入職的員工會發現公司內的員工在產品的品質上都有一些「偏執」，從攝影機的形狀、顏色，甚至於飛行器中一個很小的部件，團隊成員都會力求做到精益求精。大概就是這一份「偏執」的精神才讓 DJI 在無人機市場上遙遙領先。

對於專注於產品，DJI 人還有另一個角度的解釋，就是 DJI 始終不受名利的誘惑，始終將精力放在產品的研發製造上，並致力於做好產品。隨著 DJI 的聲名鵲起，與 DJI 尋求合作的投資人越來越多。甚至有的公司提出，只要 DJI 能同意合作，就可以以成本價向 DJI 供應原料，而 DJI 並沒有答應，原因就在於 DJI 始終將產品的品質放在第一位，而那些公司之所以選擇與 DJI 合作無非是想借助 DJI 的名聲提升股價，DJI 認為這種有目的的合作是不可能做好產品的。

一個追求極致的創始人

DJI 在剛創立的時候，創始人汪韜還是一名香港科技大學的在學研究生。汪韜是一個追求極致的人，這也是推動 DJI 不斷創新的重要力量。在香港科技大學的學習期間，汪韜參加了兩屆「亞太大學生機器人大賽」，並在第二屆比賽中獲得了香港地區第一名、亞太地區第三名。透過兩次比賽，汪韜懂得了競爭與合作，這也為他日後創業帶來了積極的影響。

2005 年，汪韜將直升機自主懸停技術作為自己的畢業設計，結果在演示的時候飛機從空中摔了下來，最終獲得了一個很差的分數。但是汪韜並沒有就此放棄，反而是吸取了教訓，潛下心來細心研究，皇天不負苦心人，最終在幾個月後，汪韜做出了第一臺樣品，並嘗試將產品放在了航空模型愛好者論壇上，受到了眾多愛好者的歡迎，並接到了人生中的第一筆訂單。

2006 年，汪韜繼續在香港科技大學攻讀研究所，在導師的支持下，汪韜與之前一起做畢業專題的兩位同學共同創立了 DJI，專注於研發生產直升機飛行控制系統，將自己的愛好變成了一種事業。公司在剛創立的時候只有五六個人，在深圳租了一間 80 平方公尺的民宅作為辦公地點。最初，由於公司沒有名氣和實力根本招不到優秀的人才。

但是，那時候採用自主懸停技術的產品非常少，因此他們的產品在市場上銷量很好，一個單品的價格在 20 萬元左右。但是汪韜卻認為，價格高就意味著市場空間有限，而他的目標是要讓更多的人用上好產品。

為了實現自己的目標，處在利潤最高階段的 DJI 主動開始轉型，降低產品的價格，確保讓更多人能夠負擔起產品。汪韜在 2015 年公司年會上提出了一個「DJI 精神」，即激極盡志，求真品誠，意為應該充滿激情地去追求極致和實現志向，在產品和事業經營過程中做到求真求實。

一個鼓勵創新的環境

　　汪韜非常重視公司的形象，認為只有建立良好的工作環境，才能吸引大批的優秀人才。因此公司不僅為員工提供了豐厚的薪資和福利待遇，同時還為員工營造了寬鬆的工作環境，積極鼓勵員工內部創業。

　　公司採用了扁平化的組織管理模式，沒有上下級之分，而且公司內部都是年輕人，富有蓬勃的朝氣和活力。員工的意見和創意都會得到充分的尊重，讓員工可以感受都前所未有的重視。對於一個科技公司而言，純粹的理念追求和濃厚的人文情懷為公司的創新創造了一個良好的環境。

　　隨著無人機技術的不斷成熟，未來無人機在應用領域的創新將是一個重要的發展方向。在這一認識的基礎上，2014 年 11 月，DJI 推出了 SDK 軟體開發套件，即將 DJI 的核心技術都集中在 SDK 上，開放給後來的開發者，讓其在這些核心技術的基礎上開展應用開發工作。比如瑞士一家從事地圖測繪的公司，在連接了 DJI 的 SDK 之後，開發出了一項新應用程式，只要使用無人機在區域上空飛行一圈，就可以繪製出一份 3D 地圖。

　　除了開展行業合作之外，DJI 還舉辦 SDK 開發者大賽，參賽對象包括全球大學及創客群體。在第一屆比賽中，就有一個學生團隊開發出了一款可以使用無人機對高速公路上發生的交通事故進行取證的應用程式。

機器人 X 軍事

軍事機器人的優勢及演變

軍用機器人（Military Robot），就是為了軍事目的，如策略偵察、防爆等，而研製出來的自動化、智慧化機器人，是一種融合智慧化資訊處理、無線通訊等先進技術的智慧軍事裝備，能夠代替軍事人員更好地完成預定任務，或者減少不必要的傷亡。

從應用環境和軍事目的的角度，可以將軍用機器人分為地面軍用機器人、空中軍用機器人、水下軍用機器人。

軍用機器人的發展歷程

軍用機器人的研製源起於 20 世紀 60 年代的冷戰期間。經過幾十年的不斷發展和技術上突破創新，軍用機器人不斷走向成熟完善。具體來看，軍用機器人主要經歷了三次跨越性的革新：

第一代軍用機器人是一種「遙控操作器」，需要依靠相

關人員的隨時操控才能執行。

　　第二代軍用機器人有所突破，能夠按照預先編制好的程式，自動重複完成某種操作，但無法對設定之外的情況做出反應，屬於半自動式機器人。

　　第三代軍用機器人則融合了更為先進的感測器、強大的中央控制晶片系統及智慧化辨識推理技術，不但能夠完成預先設定的任務，還能夠對不斷變化的環境進行「辨識」、「思考」和「反應」，是一種具有高度自主性和智慧化的軍用裝置。

　　隨著人類科學技術全方位的進步，軍用機器人也融合了包括微電子、光電子、奈米、微機電、電腦、新材料、新動力及航空等在內的眾多新技術領域的成果，越來越自動化、智慧化。目前，世界各國已經研製出來能夠執行偵察、排雷等多種任務的上百種軍用機器人。而隨著應用範圍的不斷拓展，軍用機器人也將逐漸成為新世紀軍事競爭中的核心武器和軍事行動的主要參與者。

軍用機器人的優勢

　　在現代軍事和戰爭環境日益複雜的情況下，很多軍事任務如果單純依靠人員去執行，完成的效果可能並不好，甚至無法完成；或者是危險係數過高。這時，就可以藉助軍用機

器人去完成預定的軍事策略戰術目標。

具體來看，與軍事人員相比，軍用機器人的優勢主要展現在以下幾個方面：

全方位、全天候的作戰能力。在極端惡劣或者危險的環境下，軍事人員是無法有效執行任務的；而軍用機器人不會受到外在環境的影響，甚至在毒氣、衝擊波、輻射等人類無法生存的環境下，依然能夠繼續完成預定的軍事目標。

強大的戰場生存能力。在戰場生存能力方面，機器人由於沒有焦慮、恐懼、疼痛等人類的情緒和情感，因此具備更強的生存能力，能夠適應不同的戰場環境。

服從命令聽從指揮。軍用機器人沒有自己獨立的想法，也不會產生恐懼、慌亂等負面情緒，因此會嚴格按照預先設定的程式聽從指揮，從而圓滿完成策略戰術目標。

無人機應用於軍事

無人駕駛飛機簡稱為無人機，英文縮寫為「UAV」。從專業角度來講，它是一種透過程式自動控制或無線電遙控的不載人飛機。早在 20 世紀 40 年代，無人機作為一種軍隊訓練的靶機被應用於第二次世界大戰。經過幾十年的發展，無人機已經發展成為衡量國家國防軍事實力的重要展現。而且由於無人機操作簡單、成本低、能夠適應惡劣飛行環境等優

勢，在民用領域，比如，空拍、快遞送貨、災後救援等行業也得到了廣泛的應用。

　　無人機在偵察衛星、戰鬥機、預警機發展十分快速的局面下，憑藉著其優良的效能在軍事領域快速崛起。

　　無人機無須飛行員進行駕駛，沒有駕駛艙這種傳統飛機的標準模組，取而代之的自動駕駛儀、程式控制裝置等智慧化裝備。技術人員只需要透過雷達等控制裝置，即可完成對無人機的定位、監測、傳輸數據等多種操作。無人機既能像傳統飛機一樣從地面起飛，也可以由無人機母機從空中投放。降落方式可以與傳統飛機一樣自動降落，也能透過無線電遙控，並藉助降落傘或者攔網來輔助其降落。

　　在軍事領域，無人機有著極其廣泛的應用，無人機在偵察、監視、電子戰爭、軍事打擊等方面都能發揮出巨大的作用。在許多戰爭中，無人機被廣泛地應用於偵察、情報搜集、定位追蹤等軍事任務。1991 年美國實施的「沙漠風暴作戰計劃」中，美國研製的無人機能夠欺騙雷達系統，出色地完成了多項軍事任務。

　　無人機在海灣戰爭中所表現出來的強大之處，使以美國為代表的西方國家充分認識到其在軍事領域的廣闊發展前景，各國紛紛加大在無人機技術研發領域的資源投入，有效推動了無人機技術的快速發展。目前，無人機的續航能力、

數據傳輸效率及品質、自動化程度等都有了顯著提升。

現階段，無人機上已經配置了擁有強大火力的軍事武器，美國研製的 MQ-1「掠奪者」無人機配備有兩枚 AGM-114「地獄火」飛彈，能夠對軍事目標形成強大威脅，在空中作戰、打擊恐怖組織、追蹤監測等方面發揮出了巨大作用。

無人機具有體積小、操作靈活、製造及保養成本低、能適應各種惡劣環境等優勢，在偵察、損傷評估、搜救傷員、干擾雷達等眾多軍事領域得到充分的應用，許多國家將無人機作為其未來國防建設發展的重要策略領域。相對於偵察衛星，無人機具有響應時間更短、投入成本低、機動能力強、解析度更高等方面的優勢。

與傳統飛機相比，無人機的重量輕、體積小、設計更加靈活，而且其隱身效果更好、安全係數更高、不用考慮人員傷亡，特殊情況下可以直接進行「自殺式攻擊」摧毀軍事目標。

另外，無人機的製造成本較低，一般情況下，無人機的製造成本僅有傳統戰鬥機的 1/10，甚至僅有百分之幾。美國研製的微型無人機 PD-100「黑黃蜂」造價僅為 4 萬美元，只有手掌一般大小，品質為 18 公克，能夠長距離飛行並真正實現隱形飛行。

無人機的類型各式各樣，截至 2015 年，全球正式投入使用的無人機有 300 多種型號，按照其用途則可以分為軍用無人機、民用無人機及軍民兩用無人機。

　　由於民用無人機具有的成本低、機動靈活、操作簡單、能在極端環境中作業等優勢，而被廣泛應用到了空拍、測繪、核輻射檢測、火災巡查、災後救援、高速公路監控、高壓線路巡檢等眾多領域。

　　在區域性戰爭中，軍用無人機靈活、高效、隱蔽性極強的特點，使其可以在複雜多變的軍事環境中，完成偵察、定位射擊、摧毀敵方重要設施等軍事任務。

　　目前，軍用無人機的應用範圍已經從軍事偵察、情報獲取、毀傷評估等發展至對地攻擊、導彈攔截、精準擊殺等領域。無人機不僅能對傳統戰鬥機進行補給、支援，甚至能透過即時的數據傳輸完成無人機與有人駕駛戰鬥機的協同作戰。

　　未來一段時間內，隨著大量資源的不斷投入，無人機在國防軍事領域將實現快速發展，續航能力強、作戰範圍廣的無人偵察機與無人戰鬥機將會成為軍用無人發展的重點方向。由於現代戰爭的需求發生了重大改變，未來軍用無人機的發展將會表現出以下四個方面的特徵：從戰術偵察發展至空中預警；從低空作戰、短距離飛行發展至高空作戰、長途

飛行;向隱蔽能力強、飛行速度快的無人機發展;向空中纏鬥無人機發展。

由於科學技術及人們生活品質不斷提升,民用無人機及商用無人機的市場規模也將會進一步擴大。可以預見的是,未來無人機在經濟發展、社會發展、國防軍事、科學研究等多個領域都會得到廣泛應用。

全球軍用機器人發展情況

從各國發展情況來看,美、德、英、法、意、日、韓等國在軍用機器人的研發應用上居於領先地位。這些國家的科技研發能力一直處於領先,在機器人產業的發展上也一直位居世界前列。

美國軍用機器人發展情況

作為世界第一大科技強國,美國在軍用機器人領域的各個方面都處於絕對領先地位,也是目前世界上唯一能夠進行軍用機器人的研發、試驗和實戰應用的國家。美國的軍用機器人產業已經形成了從基礎技術研究到技術轉化、系統開發,再到生產製造和實戰應用的全方位一體化流程,在陸、海、空、天等各個兵種中都可以看到軍用機器人的身影。

2007 年 12 月,美國曾釋出了《無人駕駛系統路線圖》

（*Unmanned Systems Road map*），從海陸空全方位立體化國防角度，對無人系統及其相關技術在軍事國防領域的未來發展提出方向，極大推動了軍用機器人的發展。

另外，在 2015 年美國國會通過的一項軍事作戰方案中，無人作戰系統的占比接近 34%。有關數據顯示，美軍當前已經擁有 7500 多架無人機和 1.5 萬個地面機器人。同時，為了進一步增強海陸空一體化協同作戰能力，美國國防部正在積極推動智慧軍用機器人整合作戰系統（FCS，Fieldbus Control System）的研發製造。該專案對智慧軍用機器人的研製集中在以下四個方面：

（UAV），主要執行策略偵察、監控以及導彈勘察等軍事任務。

（UGV），用來完成士兵無法進入的危險地區的資訊收集工作。

（MULE），用於作戰中的策略物資補給。

（ARV），主要執行軍事運輸特別是複雜偵查裝置的運輸任務。

德國軍用機器人發展情況

在陸地軍用機器人的研發應用上，德國一直是處於世界領先水準。早在第二次世界大戰期間，德國就向人們展示了

遙控無人自爆式坦克的威力。這種遙控坦克也是今天無人戰車的最早雛形。之後，德國一直致力於研究無人機動裝置的感測、成像、分析和自主反應系統等技術；20 世紀 80 年代中期，更是提出了著力研製具備更高自主性和智慧化的軍用機器人。

經過多年的努力，德國在地面無人智慧作戰的研發應用上獲得了巨大成功，處於世界領先地位。

德國的 UGV 專案主要是以數位化「鼬鼠 II」裝甲車為應用平臺，建構一個融合多種功能模組的智慧機動無人系統。在執行軍事任務時，該系統能夠根據任務要求自動選擇相應的基本功能模組進行組合，從而提供一個最佳的目標完成方案。

另外，德國在反水雷智慧機器人的研製方面，也一直處於歐洲領先水準。例如，德國的 STN、HDW 等公司，為海軍研製了一款水下無人航行器 TCM/TAU2000。該魚雷對抗系統主要用於海軍的反潛作戰，既能夠維護重要的海上航線的安全，以及在較為惡劣的淺水環境中的航行暢通，又可以有效保護航母作戰群和其他海軍作戰部隊不受水雷的威脅。

另外，為了進一步加強反潛作戰能力，德國海軍還制定了一個專業反水雷改造計畫，投入 2.5 億美元將掃雷艦改造更新為獵雷艦，從而最大限度地降低水雷對人員和裝置的威脅。

英、法、意等國的軍用機器人發展情況

　　早在 20 世紀 60 年代末，英國的 Hall Automation 公司就研製出軍用機器人 RAMP。作為較早進行地面無人作戰系統研發應用的國家，英國當前的發展方向是：透過融合智慧化、感測控制等多個先進技術領域的發展成果，從遙控機器人轉向更加智慧化和自動化的自主軍用機器人。

　　目前，英國在地面無人作戰系統的研究上，主要包括「地雷探測、標識和處理計畫」（MINDER）、「小獵犬」戰鬥工程牽引車（CET）和可突破壕溝、雷區等多種障礙物的研發專案。

　　作為傳統的歐陸大國，法國在地面軍用機器人的研製方面也有著可觀成果：不論是在地面無人作戰單位的持有量上，還是在作戰單位的應用水準和廣度方面，都居於國際領先水準。比較有代表性的軍用機器人，包括具備高度自主性的快速移動偵察演示車（DARDS），以及具有強大目標壓制能力的無人目標捕獲系統（SYRANO）。在未來軍用機器人的發展方向上，法國將主要側重於警戒機器人和空軍基地低空防禦機器人的研發應用。

　　另外，義大利也不甘落後，積極參與到軍用機器人的研發應用中。例如，與法國和西班牙合作研製了一系列自主移動機器人（AMR）：執行野外快速巡邏和偵察任務的智慧機

器人，運送複雜軍事裝備的機器人，以及能夠在各種複雜地形中運動的自主機器人等。

以色列、日本與韓國軍用機器人發展情況

亞洲各國中，以色列、日本和韓國在軍用機器人的研發應用上處於領先水準，它們也是亞洲地區機器人技術的研製強國。

以色列在軍用無人裝置方面的研究起步很早，比較有名的產品包括：用於執行安全任務的具備自主導航功能的機器人車輛，以及可以幫助士兵進行城市作戰的手攜式單兵機器人。另外，以色列還研製出了「守護者」（Guardian）軍民兩用機器人。該機器人設有全自動安全檢測系統，能夠在機場、港口、軍事基地及其他重要場所連續執行巡邏任務，並進行安全檢測。

作為世界上的科技強國，日本在探雷、排雷機器人的研製方面處於國際領先水準。例如，日本的 ROV（無人遙控潛水器）技術已經十分成熟，其耗資 6000 萬美元打造的 Kaiko Rov，甚至能夠下潛到世界最深的海底。另外，日本還大力發展水下無人航行器技術（UUV），並將其廣泛應用於地震預報、海洋開發（水下採礦、海底石油及天然氣的探測開發等）等領域。

韓國也是軍用機器人強國，比較著名的軍用機器人產品是由三星集團研製的、在 38 度線附近執行巡邏偵測任務的 SGR-1 哨兵機器人。該款機器人雖然小巧輕便（個頭僅與 3 歲孩童相當，重量也只有 17 公斤），卻內建了多種先進的探測偵察系統，能夠全天候地執行巡邏任務。另外，機器人還裝備了 5.5 公釐口徑的機槍，能夠根據後方管理人員的指令對闖入者進行盤查和射擊。

發展金額估算：未來 10 年達 940 億美元

　　軍用機器人的研發製造需要大量的資金投入。以當前在軍用機器人研製應用方面最為發達的美國為例：美軍「未來戰鬥系統」的目標是實現軍隊的機器人化。該專案的研究經費就有 250 億美元，裝備一個旅的費用約為 60 億至 80 億美元；若將「未來戰鬥系統」全面應用到美國陸軍，花費將高達 1.3 兆美元。

　　不過，雖然軍用機器人花費很高，但卻能夠有效降低士兵傷亡率，並執行一些士兵無法完成的任務，因此也越來越受到各國軍隊的重視。另外，像美國科學家聯合會武器裝備領域專家謝曼指出的，如果把士兵的薪資、培訓費、老兵退休金、傷亡補貼和福利等全部加起來，所需要的開支與最昂貴的軍用機器人相比也並不便宜，甚至會更多。

　　因此，大力發展軍用機器人，實現軍隊的機器人化，逐漸成為 21 世紀各國軍隊的重要發展方向，也是未來戰爭的主要形式。而隨著智慧化、自動化等核心技術的突破，軍用機器人也必將獲得更大的發展空間，甚至逐漸代替人類成為軍事作戰和任務的主要承擔者。

　　例如，2004 年美軍只有 163 個地面機器人，而三年之後的 2007 年，這一數字飆升到 5,000 個。同時，一些國家已經開始建立專門的機器人部隊，用以執行偵察、監測、巡邏、防爆等任務。而根據預測機構的研究，全球無人機在未來 10 年的研製和消費規模將達到 940 億美元。

電子書購買

爽讀 APP

國家圖書館出版品預行編目資料

AI 科技新紀元，機器人科技競賽，影響全球的新技術趨勢：重塑既有的經濟體系，提升日常生活的品質，實現人機合作的和諧共生 / 劉芳棟，林偉，朱建良，張新亮 著 . -- 第一版 . -- 臺北市 : 財經錢線文化事業有限公司 , 2024.06
面；　公分
POD 版
ISBN 978-957-680-906-4(平裝)
1.CST: 機器人 2.CST: 人工智慧 3.CST: 產業發展
448.992　　11300817

AI 科技新紀元，機器人科技競賽，影響全球的新技術趨勢：重塑既有的經濟體系，提升日常生活的品質，實現人機合作的和諧共生

臉書

作　　　者：劉芳棟，林偉，朱建良，張新亮
發 行 人：黃振庭
出 版 者：財經錢線文化事業有限公司
發 行 者：財經錢線文化事業有限公司
E - m a i l：sonbookservice@gmail.com
粉 絲 頁：https://www.facebook.com/sonbookss/
網　　　址：https://sonbook.net/
地　　　址：台北市中正區重慶南路一段 61 號 8 樓
8F., No.61, Sec. 1, Chongqing S. Rd., Zhongzheng Dist., Taipei City 100, Taiwan
電　　　話：(02) 2370-3310　　　傳　　　真：(02) 2388-1990
印　　　刷：京峯數位服務有限公司
律師顧問：廣華律師事務所 張珮琦律師

定　　　價：299 元
發行日期：2024 年 06 月第一版
◎本書以 POD 印製